变电站仿真操作

与故障案例分析

袁贵军　主编

中国电力出版社
CHINA ELECTRIC POWER PRESS

内 容 提 要

本书内容结合电力行业最新的变电运行通用管理规定及内蒙古电力公司 28 项配套细则和培训中心变电仿真系统，对 110～220kV 变电站倒闸操作、设备巡视、典型事故处理、典型案例分析、近年竞赛调考试题解析进行了阐述。

本书可作为电力培训中心变电运维实操技能培训教材，还可作为仿真取证、检证的学习与考试参考书。同时也可作为电网企业从事调控、监控和变电运维工作的技术人员学习参考用书。

图书在版编目（CIP）数据

变电站仿真操作与故障案例分析／袁贵军主编．—北京：中国电力出版社，2021.6（2024.6 重印）
ISBN 978-7-5198-5657-1

Ⅰ．①变… Ⅱ．①袁… Ⅲ．①变电所—仿真系统—故障诊断—案例 Ⅳ．① TM63

中国版本图书馆 CIP 数据核字（2021）第 100123 号

出版发行：中国电力出版社
地　　址：北京市东城区北京站西街 19 号（邮政编码 100005）
网　　址：http://www.cepp.sgcc.com.cn
责任编辑：薛　红
责任校对：黄　蓓　常燕昆
装帧设计：郝晓燕　赵丽媛
责任印制：石　雷

印　　刷：北京天泽润科贸有限公司
版　　次：2021 年 6 月第一版
印　　次：2024 年 6 月北京第三次印刷
开　　本：787 毫米 ×1092 毫米　 16 开本
印　　张：15.25
字　　数：322 千字
印　　数：2001—2500 册
定　　价：78.00 元

前　言

根据内蒙古电力（集团）有限责任公司内电人资〔2013〕29 号《关于开展大培训，大练兵培训通知》结合内蒙古电力公司各变电管理处工作实际对运行人员开展青工回炉培训、仿真取证、仿真检证等变电运行专业培训。由于仿真系统的引进，参加仿真培训人员的素质参差不齐，接受能力也有差异，为了更好地提高培训水平和增强学习效果，特编写《变电站仿真操作与故障案例分析》。

面对快速发展的电力系统，新员工大批量从事在变电岗位上，对变电运行人员的技能操作水平及故障处理能力提出了更高要求。随着电网运行可靠性及安全性的要求提高，运行人员的操作过程越来越复杂。在操作过程中，一旦出现失误，容易对电网及电力设备造成严重损害。同时，随着科技的进步、电力设备性能的提高，设备故障发生率有所下降，导致运行人员进行故障分析与处理的机会减少，通过仿真系统可以演练各站事故，提高变电运行人员驾驭电网的能力。本书针对横岭 220kV 变电站、梅力 110kV 变电站仿真系统，按照系统化、层次化等形式进行了编写。

本书内容包括横岭 220kV 变电站、梅力 110kV 变电站的设备运行方式，保护配置、一次设备巡视，倒闸操作、事故处理、典型案例分析、公司历年考题等。

本书共分五章，第一章由朱藏、高福、张永震、张晋华编写；第二章由郑彦凤编写；第三章由蔡利忠、魏常林、李晋文、袁贵军、张安福、张小喜、周彬赫编写；第四章由孙改霞编写；第五章由范宸华编写。全书由袁贵军统稿并担任主编，安盛东担任副主编。本书特邀国网宁夏电力有限公司教授级高级工程师马全福担任主审。

在本书的编写过程中，得到了有关方面的大力支持，在此表示衷心的感谢！

由于编者业务水平及工作经验所限，书中难免有疏漏或不妥之处，敬请广大读者提出宝贵意见，以便后期完善，更好地指导现场工作。

编者

2021 年 4 月

目　录

第一章

倒 闸 操 作

第一节 线 路 倒 闸 操 作

一、线路倒闸操作危险点分析与预控

线路倒闸操作危险点分析及预控措施如表 1-1 所示。

表 1-1 　　　　　　　　线路倒闸操作危险点分析与预防控制措施

序号	危险点	预防控制措施
1	不具备操作条件进行倒闸操作，造成人身触电。如：安全工器具不合格、防误装置功能不全、雷电时进行室外倒闸操作等	(1) 操作前，检查使用的安全工器具应合格，不合格或试验超期的安全工器具应退出。 (2) 操作前，检查设备外壳应可靠接地，设备名称、编号应齐全、正确。 (3) 操作前，检查现场设备防误装置功能应齐全、完备。 (4) 雷电时，禁止就地倒闸操作
2	操作不当造成人身触电。如：误入带电间隔、误拉、合断路器、带负荷拉、合隔离开关、带电挂接地线（或合接地刀闸）、带接地线（或接地刀闸）送电等	(1) 倒闸操作必须严格使用五防钥匙，特殊情况需要解锁操作时必须严格执行解锁审批程序。 (2) 倒闸操作必须严格执行操作票制度，操作票必须经过审核批准后执行。 (3) 倒闸操作必须有人监护，严格执行监护复诵制。 (4) 操作人员必须正确使用劳动防护用品，熟悉操作设备和操作程序
3	验电器、绝缘操作杆受潮，造成人身触电。如：雨天操作没有防雨罩，存放或使用不当等	(1) 验电器、绝缘杆必须存放在具有驱潮功能的工具柜内，使用前，应检查合格并擦拭干净。 (2) 雨、雪天操作室外设备时绝缘杆应有防雨罩，罩的上口应与绝缘部分紧密结合，无渗漏现象。 (3) 操作中，绝缘工器具不允许平放在潮湿地面上；使用验电器、绝缘操作杆操作时，均应戴绝缘手套
4	装、拆接地线时造成触电：如：装、拆接地线碰到有电设备，操作人与带电部位小于安全距离、攀爬设备架构等	(1) 装接地线前必须先验电。接地线装设位置必须是验电侧位置，装、拆接地线时，绝缘杆不得随意摆动，保证接地线头及其引线与带电部位保持足够的安全距离。 (2) 装、拆接地线时应戴绝缘手套、穿绝缘靴，并加强监护。 (3) 严禁攀爬设备架构。严禁直接攀登构架或利用隔离开关横连杆作踩点装、拆接地线

序号	危险点	预防控制措施
5	人身伤害。如：物体打击、高空坠落、踏空摔滑、碰触架构、窒息中毒等伤害	（1）操作时，必须正确佩戴安全帽。 （2）操作地线时，握杆位置要正确，防止地线杆摆动。 （3）操作前检查安全工器具是否完好，及时处理存在问题。 （4）借助梯子等平台进行操作时，应将梯子放稳并采取防滑措施，夜间操作应启用照明设备。 （5）及时清除操作平台、通道等积雪、结冰（霜）、油污并采取防滑措施。 （6）事故状态下需操作室内设备时，必须及时通风并正确佩戴防毒面具或正压式呼吸器。 （7）进入 SF_6 设备室前应提前通风至少15min，并检查 SF_6 检测装置信息无异常、含氧量正常。 （8）值班负责人了解操作人员的精神状态（如酗酒、熬夜、情绪不稳定），必要时向站长汇报，做临时停职或进行人员调整。监护人与操作人始终保持一臂距离，监护人发现操作人处于危险状态及时处置
6	操作隔离开关过程中瓷柱折断砸伤人，引线下倾，造成人身触电。如：站立位置不当、操作用力过猛、绝缘子开裂或安装不牢固	（1）操作前，应检查隔离开关瓷质部分无明显缺陷，如有，立即停止操作。 （2）操作前，操作人、监护人应注意选择合适的操作站立位置，不要站在隔离开关瓷柱下方，操作用力要适当 （3）操作隔离开关时，如有卡塞现象不得强行操作，应查明原因；操作电动隔离开关时，应做随时紧急停止操作的准备。 （4）发生断裂接地现象时，人员应注意防止跨步电压伤害
7	操作断路器时，设备爆炸造成人身伤害	（1）断路器操作原则上在远方操作进行，一般不在就地操作。 （2）断路器额定遮断电流应满足现场实际条件，对遮断电流超标的断路器应及时更换。 （3）禁止无保护合断路器
8	线路倒闸操作时因条件不满足而造成系统异常或设备损坏	（1）线路合环操作前，应确认断路器两端相位差和电压差均满足规定条件。 （2）线路解环操作前，应确认环点处的有、无功功率最小。 （3）电源并列操作前，应确认断路器两端电压、频率、相序、相位均满足规定条件

二、横岭220kV变电站220kV线路倒闸操作

横岭220kV变电站主接线图及保护配置见附录A。

1. 220kV半横Ⅰ线251断路器由运行转检修

（1）确认251间隔监控画面已调出；

（2）拉开251断路器；

（3）将251测控装置切换开关由"远方"改投"就地"位置；

（4）检查251断路器三相确在断开位置；

（5）合上2516隔离开关电机电源开关；

（6）拉开2516隔离开关；

（7）检查2516隔离开关确在断开位置；

（8）断开2516隔离开关电机电源开关；

（9）合上2511隔离开关电机电源开关；

（10）拉开 2511 隔离开关；

（11）检查 2511 隔离开关确在断开位置；

（12）断开 2511 隔离开关电机电源开关；

（13）检查 2512 隔离开关确在断开位置；

（14）检查 251 电压切换指示 I 母灯灭；

（15）断开 251 线路电压互感器二次侧空气开关；

（16）在 2516 隔离开关电流互感器侧验明无电；

（17）合上 25167 接地刀闸；

（18）检查 25167 接地刀闸确在合好位置；

（19）在 2511 隔离开关断路器侧验明无电；

（20）合上 25117 接地刀闸；

（21）检查 25117 接地刀闸确在合好位置；

（22）退出半横 I 线保护屏一半横 I 线 PSL631C 微机保护三相启动失灵 I 压板；

（23）退出半横 I 线保护屏一半横 I 线 RCS-931 微机保护 A 相启动失灵压板；

（24）退出半横 I 线保护屏一半横 I 线 RCS-931 微机保护 B 相启动失灵压板；

（25）退出半横 I 线保护屏一半横 I 线 RCS-931 微机保护 C 相启动失灵压板；

（26）退出半横 I 线保护屏二半横 I 线 RCS-931 微机保护 A 相启动失灵压板；

（27）退出半横 I 线保护屏二半横 I 线 RCS-931 微机保护 B 相启动失灵压板；

（28）退出半横 I 线保护屏二半横 I 线 RCS-931 微机保护 C 相启动失灵压板；

（29）退出 220kV 第一套母差保护屏半横 I 线开关失灵启动总压板；

（30）退出 220kV 第一套母差保护屏跳 251 断路器压板；

（31）退出 220kV 第二套母差保护屏跳 251 断路器压板；

（32）断开 251 断路器 A 相储能电机电源开关；

（33）断开 251 断路器 B 相储能电机电源开关；

（34）断开 251 断路器 C 相储能电机电源开关；

（35）断开 251 断路器第一组操作电源开关；

（36）断开 251 断路器第二组操作电源开关。

2. 220kV 半横 I 线 251 断路器由检修转运行

（1）合上 251 断路器第一组操作电源开关；

（2）合上 251 断路器第二组操作电源开关；

（3）拉开 25117 接地刀闸；

（4）检查 25117 接地刀闸确在断开位置；

（5）拉开 25167 接地刀闸；

（6）检查 25167 接地刀闸确在断开位置；

（7）检查 251 间隔确无地线具备送电条件；

（8）合上 251 线路电压互感器二次空气开关；

（9）合上 251 断路器 A 相储能电机电源开关；

（10）合上 251 断路器 B 相储能电机电源开关；

（11）合上 251 断路器 C 相储能电机电源开关；

（12）投入 220kV 第一套母差保护屏跳 251 断路器压板；

（13）投入 220kV 第二套母差保护屏跳 251 断路器压板；

（14）投入 220kV 第一套母差保护屏半横 I 线开关失灵启动总压板；

（15）投入半横 I 线保护屏一半横 I 线 RCS-931 微机保护 A 相启动失灵压板；

（16）投入半横 I 线保护屏一半横 I 线 RCS-931 微机保护 B 相启动失灵压板；

（17）投入半横 I 线保护屏一半横 I 线 RCS-931 微机保护 C 相启动失灵压板；

（18）投入半横 I 线保护屏二半横 I 线 RCS-931 微机保护 A 相启动失灵压板；

（19）投入半横 I 线保护屏二半横 I 线 RCS-931 微机保护 B 相启动失灵压板；

（20）投入半横 I 线保护屏二半横 I 线 RCS-931 微机保护 C 相启动失灵压板；

（21）投入半横 I 线保护屏一半横 I 线 PSL631C 微机保护三相启动失灵 I 压板；

（22）检查 251 断路器三相确在断开位置；

（23）合上 2511 隔离开关电机电源开关；

（24）合上 2511 隔离开关；

（25）检查 2511 隔离开关确在合好位置；

（26）断开 2511 隔离开关电机电源开关；

（27）检查 2512 隔离开关确在断开位置；

（28）检查 2511 电压切换指示 I 母灯亮；

（29）合上 2516 隔离开关电机电源开关；

（30）合上 2516 隔离开关；

（31）检查 2516 隔离开关确在合好位置；

（32）断开 2516 隔离开关电机电源开关；

（33）将 251 测控装置切换开关由"就地"改投"远方"位置；

（34）确认 251 间隔监控画面已调出；

（35）合上 251 断路器；

（36）检查 251 断路器三相确在合好位置。

3. 220kV 半横 I 线 251 线路由运行转检修

（1）确认 251 间隔监控画面已调出；

（2）拉开 251 断路器；

（3）将 251 测控装置切换开关由"远方"改投"就地"位置；

（4）检查 251 断路器三相确在断开位置；

（5）合上 2516 隔离开关电机电源开关；

（6）拉开 2516 隔离开关；

（7）检查 2516 隔离开关确在断开位置；

（8）断开 2516 隔离开关电机电源开关；

（9）合上 2511 隔离开关电机电源开关；

（10）拉开 2511 隔离开关；

（11）检查 2511 隔离开关确在断开位置；

（12）断开 2511 隔离开关电机电源开关；

（13）检查 2512 隔离开关确在断开位置

（14）检查 251 电压切换指示Ⅰ母灯灭；

（15）断开 251 线路电压互感器二次空气开关；

（16）在 2516 隔离开关线路侧验明无电；

（17）合上 251617 接地刀闸；

（18）检查 251617 接地刀闸确在合好位置；

（19）断开 251 断路器第一组操作电源开关；

（20）断开 251 断路器第二组操作电源开关。

4. 220kV 半横Ⅰ线 251 线路由检修转运行

（1）合上 251 断路器第一组操作电源开关；

（2）合上 251 断路器第二组操作电源开关；

（3）拉开 251617 接地刀闸；

（4）检查 251617 接地刀闸确在断开位置；

（5）检查 251 间隔确无地线具备送电条件；

（6）合上 251 线路电压互感器二次空气开关；

（7）检查 251 断路器三相确在断开位置；

（8）合上 2511 隔离开关电机电源开关；

（9）合上 2511 隔离开关；

（10）检查 2511 隔离开关确在合好位置；

（11）断开 2511 隔离开关电机电源开关；

（12）检查 2512 隔离开关确在断开位置；

（13）检查 2511 电压切换指示Ⅱ母灯亮；

（14）合上 2516 隔离开关电机电源开关；

（15）合上 2516 隔离开关；

（16）检查 2516 隔离开关确在合好位置；

(17) 断开 2516 隔离开关电机电源开关；

(18) 将 251 测控装置切换开关由"就地"改投"远方"位置；

(19) 确认 251 间隔监控画面已调出；

(20) 合上 251 断路器；

(21) 检查 251 断路器三相确在合好位置。

三、横岭 220kV 变电站 110kV 线路倒闸操作

1. 110kV 外乔线 151 断路器由运行转检修

(1) 确认 151 间隔监控画面已调出；

(2) 拉开 151 断路器；

(3) 将 151 测控装置切换开关由"远方"改投"就地"位置；

(4) 检查 151 断路器确在断开位置；

(5) 合上 1516 隔离开关电机电源开关；

(6) 拉开 1516 隔离开关；

(7) 检查 1516 隔离开关确在断开位置；

(8) 断开 1516 隔离开关电机电源开关；

(9) 合上 1511 隔离开关电机电源开关；

(10) 拉开 1511 隔离开关；

(11) 检查 1511 隔离开关确在断开位置；

(12) 断开 1511 隔离开关电机电源开关；

(13) 检查 1512 隔离开关确在断开位置；

(14) 检查 1511 电压切换指示 I 母灯灭；

(15) 断开 151 线路电压互感器二次侧空气开关；

(16) 在 1516 隔离开关电流互感器侧验明无电；

(17) 合上 15167 接地刀闸；

(18) 检查 15167 接地刀闸确在合好位置；

(19) 在 1511 隔离开关断路器侧验明无电；

(20) 合上 15117 接地刀闸；

(21) 检查 15117 接地刀闸确在合好位置；

(22) 断开 151 断路器储能电机电源开关；

(23) 断开 151 断路器操作电源开关。

2. 110kV 外乔线 151 断路器由检修转运行

(1) 合上 151 断路器操作电源开关；

(2) 拉开 15117 接地刀闸；

(3) 检查 15117 接地刀闸确在断开位置；

（4）拉开 15167 接地刀闸；

（5）检查 15167 接地刀闸确在断开位置；

（6）检查 151 间隔确无地线具备送电条件；

（7）合上 151 线路电压互感器二次侧空气开关；

（8）合上 151 断路器储能电机电源开关；

（9）检查 151 断路器确在断开位置；

（10）合上 1511 隔离开关电机电源开关；

（11）合上 1511 隔离开关；

（12）检查 1511 隔离开关确在合好位置；

（13）断开 1511 隔离开关电机电源开关；

（14）检查 1512 隔离开关确在断开位置；

（15）检查 1511 电压切换指示 I 母灯亮；

（16）合上 1516 隔离开关电机电源开关；

（17）合上 1516 隔离开关；

（18）检查 1516 隔离开关确在合好位置；

（19）断开 1516 隔离开关电机电源开关；

（20）将 151 测控装置切换开关由“就地”改投“远方”位置；

（21）确认 151 间隔监控画面已调出；

（22）合上 151 断路器；

（23）检查 151 断路器确在合好位置。

3. 110kV 外乔线 151 线路由运行转检修

（1）确认 151 间隔监控画面已调出；

（2）拉开 151 断路器；

（3）将 151 测控装置切换开关由“远方”改投“就地”位置；

（4）检查 151 断路器确在断开位置；

（5）合上 1516 隔离开关电机电源开关；

（6）拉开 1516 隔离开关；

（7）检查 1516 隔离开关确在断开位置；

（8）断开 1516 隔离开关电机电源开关；

（9）合上 1511 隔离开关电机电源开关；

（10）拉开 1511 隔离开关；

（11）检查 1511 隔离开关确在断开位置；

（12）断开 1511 隔离开关电机电源开关；

（13）检查 1512 隔离开关确在断开位置；

（14）检查 151 电压切换指示Ⅰ母灯灭；

（15）断开 151 线路电压互感器二次空气开关；

（16）在 1516 隔离开关线路侧验明无电；

（17）合上 151617 接地刀闸；

（18）检查 151617 接地刀闸确在合好位置；

（19）断开 151 断路器操作电源开关。

4. 110kV 外乔线 151 线路由检修转运行

（1）合上 151 断路器操作电源开关；

（2）拉开 151617 接地刀闸；

（3）检查 151617 接地刀闸确在断开位置；

（4）检查 151 间隔确无地线具备送电条件；

（5）合上 151 线路电压互感器二次侧空气开关；

（6）检查 151 断路器确在断开位置；

（7）合上 1511 隔离开关电机电源开关；

（8）合上 1511 隔离开关；

（9）检查 1511 隔离开关确在合好位置；

（10）断开 1511 隔离开关电机电源开关；

（11）检查 1512 隔离开关确在断开位置；

（12）检查 151 电压切换指示Ⅰ母灯亮；

（13）合上 1516 隔离开关电机电源开关；

（14）合上 1516 隔离开关；

（15）检查 1516 隔离开关确在合好位置；

（16）断开 1516 隔离开关电机电源开关；

（17）将 151 测控装置切换开关由"就地"改投"远方"位置；

（18）确认 151 间隔监控画面已调出；

（19）合上 151 断路器；

（20）检查 151 断路器确在合好位置。

四、横岭 220kV 变电站 35kV 线路倒闸操作

1. 35kV 协陶线 351 断路器由运行转检修

（1）检查 351 开关柜带电显示器三相灯亮；

（2）确认 351 间隔监控画面已调出；

（3）拉开 351 断路器；

（4）将 351 测控装置切换开关由"远方"改投"就地"位置；

（5）检查 351 断路器确在断开位置；

（6）检查 351 开关柜带电显示器三相灯灭；

（7）将 351 小车开关由"工作"位置摇至"试验"位置；

（8）检查 351 小车开关确在"试验"位置；

（9）断开 351 断路器储能电源开关；

（10）断开 351 断路器操作电源开关；

（11）取下 351 小车开关二次插件；

（12）将 351 小车开关由"试验"位置拉至"检修"位置；

（13）检查 351 小车开关确在"检修"位置。

2. 35kV 协陶线 351 断路器由检修转运行

（1）将 351 小车开关由"检修"位置推至"试验"位置；

（2）检查 351 小车开关确在"试验"位置；

（3）给上 351 小车开关二次插件；

（4）合上 351 断路器操作电源开关；

（5）合上 351 断路器储能电源开关；

（6）检查 351 断路器确在断开位置；

（7）将 351 小车开关由"试验"位置摇至"工作"位置；

（8）检查 351 小车开关确在"工作"位置；

（9）检查 351 开关柜带电显示器三相灯灭；

（10）合上 351 断路器储能电源开关；

（11）将 351 测控装置切换开关由"就地"改投"远方"位置；

（12）确认 351 间隔监控画面已调出；

（13）合上 351 断路器；

（14）检查 351 断路器确在合好位置；

（15）检查 351 开关柜带电显示器三相灯亮。

3. 35kV 协陶线 351 线路由运行转检修

（1）检查 351 开关柜带电显示器三相灯亮；

（2）确认 351 间隔监控画面已调出；

（3）拉开 351 断路器；

（4）将 351 测控装置切换开关由"远方"改投"就地"位置；

（5）检查 351 断路器确在断开位置；

（6）将 351 小车开关由"工作"位置摇至"试验"位置；

（7）检查 351 小车开关确在"试验"位置；

（8）检查 351 开关柜带电显示器三相灯灭；

（9）合上 351-0 接地刀闸；

(10) 检查 351617 接地刀闸确在合好位置。

4. 35kV 协陶线 351 线路由检修转运行

(1) 拉开 351-0 接地刀闸；

(2) 检查 351617 接地刀闸确在断开位置；

(3) 检查 351 断路器确在断开位置；

(4) 将 351 小车开关由"试验"位置摇至"工作"位置；

(5) 检查 351 小车开关确在"工作"位置；

(6) 检查 351 开关柜带电显示器三相灯灭；

(7) 将 351 测控装置切换开关由"就地"改投"远方"位置；

(8) 确认 351 间隔监控画面已调出；

(9) 合上 351 断路器；

(10) 检查 351 断路器确在合好位置；

(11) 检查 351 开关柜带电显示器三相灯亮。

五、梅力 110kV 变电站 110kV 线路倒闸操作

1. 110kV 武梅线 151 断路器由运行转检修

(1) 将母线备自投屏 110kV 备自投闭锁把手由"退出"改投"投入"位置；

(2) 确认 112 间隔监控画面已调出；

(3) 合上 112 断路器；

(4) 检查 112 断路器确在合好位置；

(5) 确认 151 间隔监控画面已调出；

(6) 拉开 151 断路器；

(7) 检查 151 断路器确在断开位置；

(8) 拉开 1516 隔离开关；

(9) 检查 1516 隔离开关确在断开位置；

(10) 拉开 1511 隔离开关；

(11) 检查 1511 隔离开关确在断开位置；

(12) 将 151 测控装置切换开关由"远方"位置改投"就地"位置；

(13) 在 1511 隔离开关断路器侧验明无电；

(14) 合上 15117 接地刀闸；

(15) 检查 15117 接地刀闸确在合好位置；

(16) 在 1516 隔离开关电流互感器侧验明无电；

(17) 合上 15167 接地刀闸；

(18) 检查 15167 接地刀闸确在合好位置；

(19) 断开 151 断路器储能电机电源开关；

(20) 断开 151 断路器操作电源开关。

2. 110kV 武梅线 151 断路器由检修转运行

(1) 合上 151 断路器操作电源开关；

(2) 拉开 15167 接地刀闸；

(3) 检查 15167 接地刀闸确在断开位置；

(4) 拉开 15117 接地刀闸；

(5) 检查 15117 接地刀闸确在断开位置；

(6) 检查 151 间隔确无地线具备送电条件；

(7) 检查 151 断路器确在断开位置；

(8) 合上 1511 隔离开关；

(9) 检查 1511 隔离开关确在合好位置；

(10) 合上 1516 隔离开关；

(11) 检查 1516 隔离开关确在合好位置；

(12) 合上 151 断路器储能电源开关；

(13) 将 151 测控装置切换开关由"就地"位置改投"远方"位置；

(14) 确认 151 间隔监控画面已调出；

(15) 合上 151 断路器；

(16) 检查 151 断路器确在合好位置；

(17) 确认 112 间隔监控画面已调出；

(18) 拉开 112 断路器；

(19) 检查 112 断路器确在断开位置；

(20) 将母线备自投屏 110kV 备自投闭锁把手由"投入"改投"退出"位置。

3. 110kV 武梅线 151 线路由运行转检修

(1) 将母线备自投屏 110kV 备自投闭锁把手由"退出"改投"投入"位置；

(2) 确认 112 间隔监控画面已调出；

(3) 合上 112 断路器；

(4) 检查 112 断路器确在合好位置；

(5) 确认 151 间隔监控画面已调出；

(6) 拉开 151 断路器；

(7) 将 151 测控装置切换开关由"远方"位置改投"就地"位置；

(8) 检查 151 断路器确在断开位置；

(9) 拉开 1516 隔离开关；

(10) 检查 1516 隔离开关确在断开位置；

(11) 拉开 1511 隔离开关；

（12）检查 1511 隔离开关确在断开位置；

（13）在 1516 隔离开关线路侧验明无电压；

（14）合上 151617 接地刀闸；

（15）检查 151617 接地刀闸确在合好位置；

（16）断开 151 断路器操作电源开关。

4. 110kV 武梅线 151 线路由检修转运行

（1）合上 151 断路器操作电源开关；

（2）拉开 151617 接地刀闸；

（3）检查 151617 接地刀闸确在断开位置；

（4）检查 151 间隔确无地线具备送电条件；

（5）检查 151 断路器确在断开位置；

（6）合上 1511 隔离开关；

（7）检查 1511 隔离开关确在合好位置；

（8）合上 1516 隔离开关；

（9）检查 1516 隔离开关确在合好位置；

（10）将 151 测控装置切换开关由"就地"位置改投"远方"位置；

（11）确认 151 间隔监控画面已调出；

（12）合上 151 断路器；

（13）检查 151 断路器确在合好位置；

（14）确认 112 间隔监控画面已调出；

（15）拉开 112 断路器；

（16）检查 112 断路器确在断开位置；

（17）将母线备自投屏 110kV 备自投闭锁把手由"投入"改投"退出"位置。

六、梅力 110kV 变电站 35kV 线路倒闸操作

1. 35kV 梅 351 线 351 断路器由运行转检修

（1）确认 351 间隔监控画面已调出；

（2）拉开 351 断路器；

（3）将 351 测控装置切换开关由"远方"位置改投"就地"位置；

（4）检查 351 断路器确在断开位置；

（5）拉开 3516 隔离开关；

（6）检查 3516 隔离开关确在断开位置；

（7）拉开 3511 隔离开关；

（8）检查 3511 隔离开关确在断开位置；

（9）在 3511 隔离开关断路器侧验明无电；

（10）合上 35117 接地刀闸；

（11）检查 35117 接地刀闸确在合好位置；

（12）在 3516 隔离开关断路器侧验明无电；

（13）合上 35167 接地刀闸；

（14）检查 35167 接地刀闸确在合好位置；

（15）断开 351 断路器储能电源开关；

（16）断开 351 断路器控制电源开关。

2. 35kV 梅 351 线 351 断路器由检修转运行

（1）合上 351 断路器控制电源开关；

（2）拉开 35167 接地刀闸；

（3）检查 35167 接地刀闸确在断开位置；

（4）拉开 35117 接地刀闸；

（5）检查 35117 接地刀闸确在断开位置；

（6）检查 351 间隔确无地线具备送电条件；

（7）检查 351 断路器确在断开位置；

（8）合上 3511 隔离开关；

（9）检查 3511 隔离开关确在合好位置；

（10）合上 3516 隔离开关；

（11）检查 3516 隔离开关确在合好位置；

（12）合上 351 断路器储能电源开关；

（13）将 351 测控装置切换开关由"就地"位置改投"远方"位置；

（14）确认 351 间隔监控画面已调出；

（15）合上 351 断路器；

（16）检查 351 断路器确在合好位置。

3. 35kV 梅 351 线 351 线路由运行转检修

（1）确认 351 间隔监控画面已调出；

（2）拉开 351 断路器；

（3）将 351 测控装置切换开关由"远方"位置改投"就地"位置；

（4）检查 351 断路器确在断开位置；

（5）拉开 3516 隔离开关；

（6）检查 3516 隔离开关确在断开位置；

（7）拉开 3511 隔离开关；

（8）检查 3511 隔离开关确在断开位置；

（9）在 3516 隔离开关线路侧验明无电；

（10）合上 351617 接地刀闸；

（11）检查 351617 接地刀闸确在合好位置；

（12）断开 351 断路器操作电源开关。

4. 35kV 梅 351 线 351 线路由检修转运行

（1）合上 351 断路器操作电源开关；

（2）拉开 351617 接地刀闸；

（3）检查 351617 接地刀闸确在断开位置；

（4）检查 351 间隔确无地线具备送电条件；

（5）检查 351 断路器确在断开位置；

（6）合上 3511 隔离开关；

（7）检查 3511 隔离开关确在合好位置；

（8）合上 3516 隔离开关；

（9）检查 3516 隔离开关确在合好位置；

（10）将 351 测控装置切换开关由"就地"位置改投"远方"位置；

（11）确认 351 间隔监控画面已调出；

（12）合上 351 断路器；

（13）检查 351 断路器确在合好位置。

七、梅力 110kV 变电站 10kV 线路倒闸操作

1. 10kV 梅 951 线 951 断路器由运行转检修

（1）检查 951 开关柜带电显示器三相灯亮；

（2）确认 951 间隔监控画面已调出；

（3）拉开 951 断路器；

（4）将 951 测控装置切换开关由"远方"位置改投"就地"位置；

（5）检查 951 断路器确在断开位置；

（6）检查 951 开关柜带电显示器三相灯灭；

（7）将 951 小车开关由"工作"位置摇至"试验"位置；

（8）检查 951 小车开关确在"试验"位置；

（9）断开 951 断路器储能电机电源开关；

（10）断开 951 断路器控制电源开关；

（11）取下 951 小车开关二次插件；

（12）将 951 小车开关由"试验"位置拉至"检修"位置；

（13）检查 951 小车开关确在"检修"位置。

2. 10kV 梅 951 线 951 断路器由检修转运行

（1）将 951 小车开关由"检修"位置推至"试验"位置；

（2）检查 951 小车开关确在"试验"位置；

（3）给上 951 小车开关二次插件；

（4）合上 951 断路器控制电源开关；

（5）合上 951 断路器储能电机电源开关；

（6）检查 951 断路器确在断开位置；

（7）将 951 小车开关由"试验"位置摇至"工作"位置；

（8）检查 951 小车开关确在"工作"位置；

（9）检查 951 开关柜带电显示器三相灯灭；

（10）将 951 测控装置切换开关由"就地"位置改投"远方"位置；

（11）确认 951 间隔监控画面已调出；

（12）合上 951 断路器；

（13）检查 951 断路器确在合好位置；

（14）检查 951 开关柜带电显示器三相灯亮。

3. 10kV 梅 951 线 951 线路由运行转检修

（1）检查 951 开关柜带电显示器三相灯亮；

（2）确认 951 间隔监控画面已调出；

（3）拉开 951 断路器；

（4）将 951 测控装置切换开关由"远方"位置改投"就地"位置；

（5）检查 951 断路器确在断开位置；

（6）将 951 小车开关由"工作"位置摇至"试验"位置；

（7）检查 951 小车开关确在"试验"位置；

（8）检查 951 开关柜带电显示器三相灯灭；

（9）合上 951617 接地刀闸；

（10）检查 951617 接地刀闸确在合好位置；

（11）断开 951 断路器操作电源开关。

4. 10kV 梅 951 线 951 线路由检修转运行

（1）合上 951 断路器操作电源开关；

（2）拉开 951617 接地刀闸；

（3）检查 951617 接地刀闸确在断开位置；

（4）检查 951 间隔确无地线具备送电条件；

（5）检查 951 断路器确在断开位置；

（6）将 951 小车开关由"试验"位置摇至"工作"位置；

（7）检查 951 小车开关确在"工作"位置；

（8）检查 951 开关柜带电显示器三相灯灭；

（9）将951测控装置切换开关由"就地"位置改投"远方"位置；

（10）确认951间隔监控画面已调出；

（11）合上951断路器；

（12）检查951断路器确在合好位置；

（13）检查951开关柜带电显示器三相灯亮。

第二节　变压器倒闸操作

一、变压器倒闸操作危险点分析与预控

变压器倒闸操作存在的危险点及预控措施如表1-2所示。

表1-2　　　　　　　　　变压器操作危险点分析与预防控制措施

序号	危险点	预防控制措施
1	不具备操作条件进行倒闸操作，造成人身触电。如：安全工器具不合格、防误装置功能不全、雷电时进行室外倒闸操作等	（1）操作前，检查使用的安全工器具应合格，不合格或试验超期的安全工器具应退出。 （2）操作前，检查设备外壳应可靠接地，设备名称、编号应齐全、正确。 （3）操作前，检查现场设备防误装置功能应齐全、完备。 （4）雷电时，禁止就地倒闸操作
2	操作不当造成人身触电。如：误入带电间隔、误拉、合断路器、带负荷拉、合隔离开关、带电挂接地线（或合接地刀闸）、带接地线（或接地刀闸）送电等	（1）倒闸操作必须严格使用五防钥匙，特殊情况需要解锁操作时必须严格执行解锁审批程序。 （2）倒闸操作必须严格执行操作票制度，操作票必须经过审核批准后执行。 （3）倒闸操作必须有人监护，严格执行监护复诵制。 （4）操作人员必须正确使用劳动防护用品，熟悉操作设备和操作程序
3	验电器、绝缘操作杆受潮，造成人身触电。如：雨天操作没有防雨罩，存放或使用不当等	（1）验电器、绝缘杆必须存放在具有驱潮功能的工具柜内，使用前，应检查合格并擦拭干净。 （2）雨、雪天操作室外设备时绝缘杆应有防雨罩，罩的上口应与绝缘部分紧密结合，无渗漏现象。 （3）操作中，绝缘工器具不允许平放在潮湿地面上；使用验电器、绝缘操作杆操作时，均应戴绝缘手套
4	装、拆接地线时造成触电。如：装、拆接地线碰到有电设备，操作人与带电部位小于安全距离、攀爬设备架构等	（1）装接地线前必须先验电。接地线装设位置必须是验电侧位置，装、拆接地线时，绝缘杆不得随意摆动，保证接地线头及其引线与带电部位保持足够的安全距离。 （2）装、拆接地线时应戴绝缘手套、穿绝缘靴，并加强监护。 （3）严禁攀爬设备架构。严禁直接攀登构架或利用隔离开关横连杆作踩点装、拆接地线
5	人身伤害。如：物体打击、高空坠落、踏空摔滑、碰触架构、窒息中毒等伤害	（1）操作时，必须正确佩戴安全帽。 （2）操作地线时，握杆位置要正确，防止地线杆摆动。 （3）操作前检查安全工器具是否完好，及时处理存在问题。 （4）借助梯子等平台进行操作时，应将梯子放稳并采取防滑措施，夜间操作应启用照明设备。 （5）及时清除操作平台、通道等积雪、结冰（霜）、油污并采取防滑措施。 （6）事故状态下需操作室内设备时，必须及时通风并正确佩戴防毒面具或正压式呼吸器。

序号	危险点	预防控制措施
5	人身伤害。如：物体打击、高空坠落、踏空摔滑、碰触架构、窒息中毒等伤害	(7) 进入 SF$_6$ 设备室前应提前通风至少 15min，并检查 SF$_6$ 检测装置信息无异常、含氧量正常。 (8) 值班负责人了解操作人员的精神状态（如酗酒、熬夜、情绪不稳定），必要时向站长汇报，做临时停职或进行人员调整。监护人与操作人始终保持一臂距离，监护人发现操作人处于危险状态及时处置
6	电压互感器、消弧线圈、电容器、站用变压器操作不当造成人员伤害	(1) 系统有接地故障时禁止拉电压互感器、消弧线圈。 (2) 不得用隔离开关、小车直接拉合有故障的电压互感器。 (3) 电容器、站用变压器转为备用或检修后，在未对电容器、站用变压器放电前不得靠近
7	操作隔离开关过程中瓷柱折断砸伤人，引线下倾，造成人身触电。如：站立位置不当、操作用力过猛、绝缘子开裂或安装不牢固	(1) 操作前，应检查隔离开关瓷质部分无明显缺陷，如有，立即停止操作。 (2) 操作前，操作人、监护人应注意选择合适的操作站立位置，不要站在隔离开关瓷柱下方，操作用力要适当。 (3) 操作隔离开关时，如有卡塞现象不得强行操作，应查明原因；操作电动隔离开关时，应做好随时紧急停止操作的准备。 (4) 发生断裂接地现象时，人员应注意防止跨步电压伤害
8	操作断路器时，设备爆炸造成人身伤害。	(1) 断路器操作原则上在远方操作进行，一般不在就地操作。 (2) 断路器额定遮断电流应满足现场实际条件，对遮断电流超标的断路器应及时更换。 (3) 禁止无保护合断路器
9	主变压器（以下简称主变）倒闸操作时因条件不满足损坏主变	(1) 拉、合主变断路器前先合其中性点接地刀闸。 (2) 主变并列前应检查断路器两端电压比、阻抗电压、接线组别均满足规定条件。 (3) 主变解列前应确认解列后各台主变不会过负荷。 (4) 禁止空载主变只带电容器送电

二、横岭 220kV 变电站变压器倒闸操作

1. 1号主变由运行转检修

(1) 经验算 2 号主变确不过负荷；

(2) 检查 212 断路器确在合好位置；

(3) 检查 112 断路器确在合好位置；

(4) 将 35kV 备用电源闭锁切换开关由"退出"改投"投入"位置；

(5) 确认 312 间隔监控画面已调出；

(6) 合上 312 断路器；

(7) 检查 312 断路器确在合好位置；

(8) 检查 2 号主变保护 A 屏 2 号主变第一套保护 220kV 侧接地零序投入压板已投入；

(9) 检查 2 号主变保护 A 屏 2 号主变第一套保护 110kV 侧接地零序投入压板已投入；

(10) 合上 2 号主变中性点 220 隔离开关电机电源开关；

(11) 合上 2 号主变中性点 220 隔离开关；

(12) 检查 220 隔离开关确在合好位置；

（13）断开 2 号主变中性点 220 隔离开关电机电源开关；

（14）合上 2 号主变中性点 120 隔离开关电机电源开关；

（15）合上 2 号主变中性点 120 隔离开关；

（16）检查 120 隔离开关确在合好位置；

（17）断开 2 号主变中性点 120 隔离开关电机电源开关；

（18）检查 301 开关柜带电显示器三相灯亮；

（19）确认 301 间隔监控画面已调出；

（20）拉开 301 断路器；

（21）将 301 测控装置切换开关由"远方"改投"就地"位置；

（22）检查 301 开关柜带电显示器三相灯灭；

（23）确认 101 间隔监控画面已调出；

（24）拉开 101 断路器；

（25）将 101 测控装置切换开关由"远方"改投"就地"位置；

（26）确认 201 间隔监控画面已调出；

（27）拉开 201 断路器；

（28）将 201 测控装置切换开关由"远方"改投"就地"位置；

（29）检查 301 断路器确在断开位置；

（30）合上 3016 隔离开关电机电源开关；

（31）拉开 3016 隔离开关；

（32）检查 3016 隔离开关确在断开位置；

（33）断开 3016 隔离开关电机电源开关；

（34）将 301 小车开关由"工作"位置摇至"试验"位置；

（35）检查 301 小车开关确在"试验"位置；

（36）检查 101 断路器确在断开位置；

（37）合上 1016 隔离开关电机电源开关；

（38）拉开 1016 隔离开关；

（39）检查 1016 隔离开关确在断开位置；

（40）断开 1016 隔离开关电机电源开关；

（41）合上 1011 隔离开关电机电源开关；

（42）拉开 1011 隔离开关；

（43）检查 1011 隔离开关确在断开位置；

（44）断开 1011 隔离开关电机电源开关；

（45）检查 1011 隔离开关电压切换Ⅰ母灯灭；

（46）检查 201 断路器确在断开位置；

（47）合上 2016 隔离开关电机电源开关；

（48）拉开 2016 隔离开关；

（49）检查 2016 隔离开关确在断开位置；

（50）断开 2016 隔离开关电机电源开关；

（51）合上 2011 隔离开关电机电源开关；

（52）拉开 2011 隔离开关；

（53）检查 2011 隔离开关确在断开位置；

（54）断开 2011 隔离开关电机电源开关；

（55）检查 2011 隔离开关电压切换 I 母灯灭；

（56）在 2016 隔离开关变压器侧验明无电；

（57）合上 201617 接地刀闸；

（58）检查 201617 接地刀闸确在合好位置；

（59）在 1016 隔离开关变压器侧验明无电；

（60）合上 101617 接地刀闸；

（61）检查 101617 接地刀闸确在合好位置；

（62）在 3016 隔离开关变压器侧验明无电；

（63）合上 301617 接地刀闸；

（64）检查 301617 接地刀闸确在合好位置；

（65）退出 1 号主变保护 A 屏 1 号主变第一套保护 110kV 母联开关跳闸压板；

（66）退出 1 号主变保护 A 屏 1 号主变第一套保护 220kV 启动失灵跳闸压板；

（67）退出 1 号主变保护 A 屏 1 号主变第一套保护 220kV 启动失灵装置压板；

（68）退出 1 号主变保护 B 屏 220kV 启动失灵装置压板；

（69）退出 1 号主变保护 B 屏跳 220kV 母联 212 断路器压板；

（70）退出 1 号主变保护 B 屏跳 110kV 母联 112 断路器压板；

（71）退出 1 号主变保护 C 屏 1 号主变 220kV 失灵启动总压板；

（72）退出 220kV 第一套母差保护屏 1 号主变 220kV 开关失灵启动总压板；

（73）拉开 210 隔离开关；

（74）检查 210 隔离开关确在断开位置；

（75）断开 210 隔离开关电机电源开关；

（76）拉开 110 中性点隔离开关；

（77）检查 110 中性点隔离开关确在断开位置；

（78）断开 110 中性点隔离开关电机电源开关；

（79）断开 1 号主变有载调压电源开关；

（80）断开 1 号主变风冷装置电源开关；

（81）断开 201 断路器第一组操作电源开关；

（82）断开 201 断路器第二组操作电源开关；

（83）断开 101 断路器操作电源开关；

（84）断开 301 断路器操作电源开关。

2. 1 号主变由检修转运行

（1）合上 1 号主变有载调压电源开关；

（2）合上 201 断路器第一组操作电源开关；

（3）合上 201 断路器第二组操作电源开关；

（4）合上 101 断路器操作电源开关；

（5）合上 301 断路器操作电源开关；

（6）拉开 201617 接地刀闸；

（7）检查 201617 接地刀闸确在断开位置；

（8）拉开 101617 接地刀闸；

（9）检查 101617 接地刀闸确在断开位置；

（10）拉开 301617 接地刀闸；

（11）检查 301617 接地刀闸确在断开位置；

（12）检查 1 号主变间隔确无地线具备送电条件；

（13）投入 1 号主变保护 A 屏 1 号主变第一套保护 110kV 母联开关跳闸压板；

（14）投入 1 号主变保护 A 屏 1 号主变第一套保护 220kV 启动失灵跳闸压板；

（15）投入 1 号主变保护 A 屏 1 号主变第一套保护 220kV 启动失灵装置压板；

（16）投入 1 号主变保护 B 屏 220kV 启动失灵装置连接片；

（17）投入 1 号主变保护 B 屏跳 220kV 母联 212 断路器；

（18）投入 1 号主变保护 B 屏跳 110kV 母联 112 断路器；

（19）投入 1 号主变保护 C 屏 1 号主变 220kV 失灵启动总压板；

（20）投入 220kV 第一套母差保护屏 1 号主变 220kV 开关失灵启动总压板；

（21）检查 201 断路器确在断开位置；

（22）合上 2011 隔离开关电机电源开关；

（23）合上 2011 隔离开关；

（24）检查 2011 隔离开关确在合好位置；

（25）断开 2011 隔离开关电机电源开关；

（26）检查 2012 隔离开关确在断开位置；

（27）检查 2011 隔离开关电压切换 I 母灯亮；

（28）合上 2016 隔离开关电机电源开关；

（29）合上 2016 隔离开关；

（30）检查 2016 隔离开关确在合好位置；

（31）断开 2016 隔离开关电机电源开关；

（32）检查 101 断路器确在断开位置；

（33）合上 1011 隔离开关电机电源开关；

（34）合上 1011 隔离开关；

（35）检查 1011 隔离开关确在合好位置；

（36）断开 1011 隔离开关电机电源开关；

（37）检查 1012 隔离开关确在断开位置；

（38）检查 1011 隔离开关电压切换 I 母灯亮；

（39）合上 1016 隔离开关电机电源开关；

（40）合上 1016 隔离开关；

（41）检查 1016 隔离开关确在合好位置；

（42）断开 1016 隔离开关电机电源开关；

（43）检查 301 断路器确在断开位置；

（44）将 301 小车开关由"试验"位置摇至"工作"位置；

（45）检查 301 小车开关确在"工作"位置；

（46）合上 3016 隔离开关电机电源开关；

（47）合上 3016 隔离开关；

（48）检查 3016 隔离开关确在合好位置；

（49）断开 3016 隔离开关电机电源开关；

（50）合上 210 中性点隔离开关电机电源开关；

（51）合上 210 中性点隔离开关；

（52）检查 210 中性点隔离开关确在合好位置；

（53）合上 110 中性点隔离开关电机电源开关；

（54）合上 110 中性点隔离开关；

（55）检查 110 中性点隔离开关确在合好位置；

（56）将 201 测控装置切换开关由"就地"改投"远方"位置；

（57）将 101 测控装置切换开关由"就地"改投"远方"位置；

（58）将 301 测控装置切换开关由"就地"改投"远方"位置；

（59）检查 1 号主变挡位与 2 号主变一致；

（60）确认 201 间隔监控画面已调出；

（61）合上 201 断路器；

（62）检查 201 断路器确在合好位置；

（63）确认 101 间隔监控画面已调出；

（64）合上 101 断路器；

（65）检查 101 断路器确在合好位置；

（66）检查 1 号主变和 2 号主变负荷分配正常；

（67）检查 301 开关柜带电显示器三相灯灭；

（68）确认 301 间隔监控画面已调出；

（69）合上 301 断路器；

（70）检查 301 断路器确在合好位置；

（71）检查 301 开关柜带电显示器三相灯亮；

（72）检查 1 号主变确已带负荷；

（73）确认 312 间隔监控画面已调出；

（74）拉开 312 断路器；

（75）检查 312 断路器确在断开位置；

（76）将 35kV 备用电源闭锁切换开关由"投入"改投"退出"位置；

（77）检查 2 号主变保护屏 A 2 号主变第一套保护 220kV 侧不接地零序投入压板已投入；

（78）检查 2 号主变保护屏 A 2 号主变第一套保护 110kV 侧不接地零序投入压板已投入；

（79）合上 220 隔离开关电机电源开关；

（80）拉开 220 隔离开关；

（81）检查 220 隔离开关确在断开位置；

（82）断开 220 隔离开关电机电源开关；

（83）合上 120 隔离开关电机电源开关；

（84）拉开 120 隔离开关；

（85）检查 120 隔离开关确在断开位置。

三、梅力 110kV 变电站 110kV 变压器倒闸操作

1. 1 号主变由运行转检修

（1）经验算 2 号主变确不过负荷；

（2）确认 112 间隔监控画面已调出；

（3）合上 112 断路器；

（4）检查 112 断路器确在合好位置；

（5）将母线备自投屏 110kV 备自投闭锁把手由"退出"改投"投入"位置；

（6）确认 151 间隔监控画面已调出；

（7）拉开 151 断路器；

（8）检查 151 断路器确在断开位置；

（9）确认 312 间隔监控画面已调出；

（10）合上 312 断路器；

（11）检查 312 断路器确在合好位置；

（12）将母线备自投屏 35kV 备自投闭锁把手由"退出"改投"投入"位置；

（13）确认 912 间隔监控画面已调出；

（14）合上 912 断路器；

（15）检查 912 断路器确在合好位置；

（16）将母线备自投屏 10kV 备自投闭锁把手由"退出"改投"投入"位置；

（17）合上 110 中性点隔离开关；

（18）检查 110 中性点隔离开关确在合好位置；

（19）检查 901 开关柜带电显示器三相灯亮；

（20）确认 901 间隔监控画面已调出；

（21）拉开 901 断路器；

（22）将 901 测控装置切换开关由"远方"改投"就地"位置；

（23）检查 901 开关柜带电显示器三相灯灭；

（24）确认 301 间隔监控画面已调出；

（25）拉开 301 断路器；

（26）将 301 测控装置切换开关由"远方"改投"就地"位置；

（27）确认 112 间隔监控画面已调出；

（28）拉开 112 断路器；

（29）检查 901 断路器确在断开位置；

（30）将 901 小车开关由"工作"位置摇至"试验"位置；

（31）检查 901 小车开关确在"试验"位置；

（32）检查 301 断路器确在断开位置；

（33）拉开 3016 隔离开关；

（34）检查 3016 隔离开关确在断开位置；

（35）拉开 3011 隔离开关；

（36）检查 3011 隔离开关确在断开位置；

（37）检查 112 断路器确在断开位置；

（38）拉开 1016 隔离开关；

（39）检查 1016 隔离开关确在断开位置；

（40）确认 151 间隔监控画面已调出；

（41）合上 151 断路器；

（42）检查 151 断路器确在合好位置；

（43）将母线备自投屏 110kV 备自投闭锁把手由"投入"改投"退出"位置；

（44）验明 9016 隔离开关变压器三相无电；

（45）合上 901617 接地刀闸；

（46）检查 901617 接地刀闸确在合好位置；

（47）验明 3016 隔离开关变压器侧三相无电；

（48）合上 301617 接地刀闸；

（49）检查 301617 接地刀闸确在合好位置；

（50）验明 1016 隔离开关变压器侧三相无电；

（51）合上 101617 接地刀闸；

（52）检查 101617 接地刀闸确在合好位置；

（53）拉开主变 110 中性点隔离开关；

（54）检查 110 中性点隔离开关确在断开位置；

（55）退出 1 号主变测控屏高后备跳高压侧母联压板；

（56）退出 1 号主变测控屏中后备跳中压侧母联压板；

（57）退出 1 号主变测控屏低后备跳低压侧母联压板；

（58）断开 1 号主变风冷装置电源开关；

（59）断开 1 号主变有载调压装置电源开关；

（60）断开 301 断路器操作电源空气开关；

（61）断开 901 断路器操作电源空气开关。

2. 1 号主变由检修转运行

（1）合上 901 断路器操作电源空气开关；

（2）合上 301 断路器操作电源空气开关；

（3）合上 1 号主变风冷装置电源开关；

（4）合上 1 号主变有载调压装置电源开关；

（5）拉开 101617 接地刀闸；

（6）检查 101617 接地刀闸确在断开位置；

（7）拉开 301617 接地刀闸；

（8）检查 301617 接地刀闸确在断开位置；

（9）拉开 901617 接地刀闸；

（10）检查 901617 接地刀闸确在断开位置；

（11）检查 1 号主变间隔确无电线具备送电条件；

（12）投入 1 号主变测控屏高后备跳高压侧母联压板；

（13）投入 1 号主变测控屏中后备跳中压侧母联压板；

（14）投入 1 号主变测控屏低后备跳低压侧母联压板；

（15）检查 901 断路器确在断开位置；

（16）检查 901 开关柜带电显示三相灯灭；

（17）将 901 小车开关由"试验"位置摇至"工作"位置；

（18）检查 901 小车开关确在"工作"位置；

（19）检查 301 断路器确在断开位置；

（20）合上 3011 隔离开关；

（21）检查 3011 隔离开关确在合好位置；

（22）合上 3016 隔离开关；

（23）检查 3016 隔离开关确在合好位置；

（24）确认 151 间隔监控画面已调出；

（25）拉开 151 断路器；

（26）检查 151 断路器确在断开位置；

（27）检查 110kV Ⅰ 母电压指示为零；

（28）合上 1016 隔离开关；

（29）检查 1016 隔离开关确在合好位置；

（30）合上主变 110 中性点隔离开关；

（31）检查 110 中性点隔离开关确在合好位置；

（32）将母线备自投屏 110kV 备自投闭锁把手由"退出"改投"投入"位置；

（33）投入 110kV 母线充电保护压板；

（34）确认 112 间隔监控画面已调出；

（35）合上 112 断路器；

（36）检查 112 断路器确在合好位置；

（37）检查 110kV Ⅰ 母及 1 号主变充电正常；

（38）退出 110kV 母线充电保护压板；

（39）确认 151 间隔监控画面已调出；

（40）合上 151 断路器；

（41）检查 151 断路器确在合好位置；

（42）确认 112 间隔监控画面已调出；

（43）拉开 112 断路器；

（44）检查 112 断路器确在断开位置；

（45）将母线备自投屏 110kV 备自投闭锁把手由"投入"改投"退出"位置；

（46）将 301 测控装置切换开关由"就地"改投"远方"位置；

（47）将 901 测控装置切换开关由"就地"改投"远方"位置；

（48）确认 301 间隔监控画面已调出；

（49）合上 301 断路器；

（50）检查 301 断路器确在合好位置；

（51）确认 312 间隔监控画面已调出；

（52）拉开 312 断路器；

（53）检查 312 断路器确在断开位置；

（54）将母线备自投屏 35kV 备自投闭锁把手由"投入"改投"退出"位置；

（55）确认 901 间隔监控画面已调出；

（56）合上 901 断路器；

（57）检查 901 断路器确在合好位置；

（58）确认 912 间隔监控画面已调出；

（59）拉开 912 断路器；

（60）检查 912 断路器确在断开位置；

（61）将母线备自投屏 10kV 备自投闭锁把手由"投入"改投"退出"位置；

（62）检查 1 号主变确已带负荷；

（63）拉开 110 中性点隔离开关；

（64）检查 110 中性点隔离开关确在断开位置。

第三节　母　线　倒　闸　操　作

一、母线倒闸操作危险点分析与预控

母线倒闸操作存在的危险点及预控措施如表 1-3 所示。

表 1-3　　　　　　　　　　　母线操作危险点分析与预防控制措施

序号	危险点	预防控制措施
1	不具备操作条件进行倒闸操作，造成人身触电。如：安全工器具不合格、防误装置功能不全、雷电时进行室外倒闸操作等	（1）操作前，检查使用的安全工器具应合格，不合格或试验超期的安全工器具应退出。 （2）操作前，检查设备外壳应可靠接地，设备名称、编号应齐全、正确。 （3）操作前，检查现场设备防误装置功能应齐全、完备。 （4）雷电时，禁止就地倒闸操作
2	操作不当造成人身触电。如：误入带电间隔、误拉、合断路器、带负荷拉、合隔离开关、带电挂接地线（或合接地刀闸）、带接地线（或接地刀闸）送电等	（1）倒闸操作必须严格使用五防钥匙，特殊情况需要解锁操作时必须严格执行解锁审批程序。 （2）倒闸操作必须严格执行操作票制度，操作票必须经过审核批准后执行。 （3）倒闸操作必须有人监护，严格执行监护复通制。 （4）操作人员必须正确使用劳动防护用品，熟悉操作设备和操作程序
3	验电器、绝缘操作杆受潮，造成人身触电。如：雨天操作没有防雨罩，存放或使用不当等	（1）验电器、绝缘杆必须存放在具有驱潮功能的工具柜内，使用前，应检查合格并擦拭干净。 （2）雨、雪天操作室外设备时绝缘杆应有防雨罩，罩的上口应与绝缘部分紧密结合，无渗漏现象。 （3）操作中，绝缘工器具不允许平放在潮湿地面上；使用验电器、绝缘操作杆操作时，均应戴绝缘手套。

序号	危险点	预防控制措施
4	装、拆接地线时造成触电。如：装、拆接地线碰到有电设备，操作人与带电部位小于安全距离、攀爬设备架构等	(1) 装接地线前必须先验电。接地线装设位置必须是验电侧位置，装、拆接地线时，绝缘杆不得随意摆动，保证接地线头及其引线与带电部位保持足够的安全距离。 (2) 装、拆接地线时应戴绝缘手套、穿绝缘靴，并加强监护。 (3) 严禁攀爬设备架构。严禁直接攀登构架或利用隔离开关横连杆作踩点装、拆接地线
5	人身伤害。如：物体打击、高空坠落、踏空摔滑、碰触架构、窒息中毒等伤害	(1) 操作时，必须正确佩戴安全帽。 (2) 操作地线时，握杆位置要正确，防止地线杆摆动。 (3) 操作前检查安全工器具是否完好，及时处理存在问题。 (4) 借助梯子等平台进行操作时，应将梯子放稳并采取防滑措施，夜间操作应启用照明设备。 (5) 及时清除操作平台、通道等积雪、结冰（霜）、油污并采取防滑措施。 (6) 事故状态下需操作室内设备时，必须及时通风并正确佩戴防毒面具或正压式呼吸器。 (7) 进入SF$_6$设备室前应提前通风至少15min，并检查SF$_6$检测装置信息无异常、含氧量正常。 (8) 值班负责人了解操作人员的精神状态（如酗酒、熬夜、情绪不稳定），必要时向站长汇报，做临时停职或进行人员调整。监护人与操作人始终保持一臂距离，监护人发现操作人处于危险状态及时处置
6	电压互感器、消弧线圈、电容器、站用变压器操作不当造成人员伤害	(1) 系统有接地故障时禁止拉电压互感器、消弧线圈。 (2) 不得用隔离开关、小车直接合上有故障的电压互感器。 (3) 电容器、站用变压器转为备用或检修后，在未对电容器、站用变压器放电前不得靠近
7	操作隔离开关过程中瓷柱折断砸伤人，引线下倾，造成人身触电。如：站立位置不当、操作用力过猛、绝缘子开裂或安装不牢固	(1) 操作前，应检查隔离开关瓷质部分无明显缺陷，如有，立即停止操作。 (2) 操作前，操作人、监护人应注意选择合适的操作站立位置，不要站在隔离开关瓷柱下方，操作用力要适当。 (3) 操作隔离开关时，如有卡塞现象不得强行操作，应查明原因；操作电动隔离开关时，应做好随时紧急停止操作的准备。 (4) 发生断裂接地现象时，人员应注意防止跨步电压伤害
8	操作断路器时，设备爆炸造成人身伤害	(1) 断路器操作原则上在远方操作进行，一般不在就地操作。 (2) 断路器额定遮断电流应满足现场实际条件，对遮断电流超标的断路器应及时更换。 (3) 禁止无保护合断路器
9	倒母线操作因操作不当造成系统故障	(1) 倒母线前，将各套母差保护互联连接片投至"互联"位置。再断开母联开关控制电源（熔断器）。 (2) 倒母线操作时，隔离开关操作必须先合后拉。 (3) 拉开分段断路器后在母差保护屏投入"分列运行"连接片；合上分段断路器前在母差保护退出"分列运行"连接片

二、横岭 220kV 变电站 220kV 母线倒闸操作

1. 220kV I 母由运行转检修

(1) 检查 212 断路器确在合好位置；

(2) 投入 220kV 第一套母差保护屏 220kV 母差保护 220kV I、II 母互联压板；

(3) 检查 220kV 第一套母差保护屏互联指示灯亮；

（4）投入 220kV 第二套母差保护屏 220kV 第二套母差保护互联投入压板；

（5）断开 212 断路器第一组操作电源开关；

（6）断开 212 断路器第二组操作电源开关；

（7）确认 251 间隔监控画面已调出；

（8）合上 2512 隔离开关电机电源开关；

（9）合上 2512 隔离开关；

（10）检查 2512 隔离开关确在合好位置；

（11）断开 2512 隔离开关电机电源开关；

（12）检查 2512 电压切换指示Ⅱ母灯亮；

（13）合上 2511 隔离开关电机电源开关；

（14）拉开 2511 隔离开关；

（15）检查 2511 隔离开关确在断开位置；

（16）断开 2511 隔离开关电机电源开关；

（17）检查 2511 电压切换指示Ⅰ母灯灭；

（18）确认 253 间隔监控画面已调出；

（19）合上 2532 隔离开关电机电源开关；

（20）合上 2532 隔离开关；

（21）检查 2532 隔离开关确在合好位置；

（22）断开 2532 隔离开关电机电源开关；

（23）检查 2532 电压切换指示Ⅱ母灯亮；

（24）合上 2531 隔离开关电机电源开关；

（25）拉开 2531 隔离开关；

（26）检查 2531 隔离开关确在断开位置；

（27）断开 2531 隔离开关电机电源开关；

（28）检查 2531 电压切换指示Ⅰ母灯灭；

（29）确认 255 间隔监控画面已调出；

（30）合上 2552 隔离开关电机电源开关；

（31）合上 2552 隔离开关；

（32）检查 2552 隔离开关确在合好位置；

（33）断开 2552 隔离开关电机电源开关；

（34）检查 2552 电压切换指示Ⅱ母灯亮；

（35）合上 2551 隔离开关电机电源开关；

（36）拉开 2551 隔离开关；

（37）检查 2551 隔离开关确在断开位置；

（38）断开 2551 隔离开关电机电源开关；

（39）检查 2551 电压切换指示Ⅰ母灯灭；

（40）确认 201 间隔监控画面已调出；

（41）合上 2012 隔离开关电机电源开关；

（42）合上 2012 隔离开关；

（43）检查 2012 隔离开关确在合好位置；

（44）断开 2012 隔离开关电机电源开关；

（45）检查 2012 电压切换指示Ⅱ母灯亮；

（46）合上 2011 隔离开关电机电源开关；

（47）拉开 2011 隔离开关；

（48）检查 2011 隔离开关确在断开位置；

（49）断开 2011 隔离开关电机电源开关；

（50）检查 2011 电压切换指示Ⅰ母灯灭；

（51）检查 220kVⅠ母负荷已倒入Ⅱ母运行；

（52）合上 212 断路器第一组操作电源开关；

（53）合上 212 断路器第二组操作电源开关；

（54）退出 220kV 第一套母差保护屏 220kV 母差保护 220kVⅠ、Ⅱ母互联压板；

（55）检查 220kV 第一套母差保护屏互联指示灯灭；

（56）退出 220kV 第二套母差保护屏 220kV 第二套母差保护互联投入压板；

（57）检查 212 断路器电流指示为零；

（58）确认 212 间隔监控画面已调出；

（59）拉开 212 断路器；

（60）将 212 测控装置切换开关由"远方"改投"就地"位置；

（61）检查 220kVⅠ母电压指示为零；

（62）检查 212 断路器确在断开位置；

（63）合上 2121 隔离开关电机电源开关；

（64）拉开 2121 隔离开关；

（65）检查 2121 隔离开关确在断开位置；

（66）断开 2121 隔离开关电机电源开关；

（67）合上 2122 隔离开关电机电源开关；

（68）拉开 2122 隔离开关；

（69）检查 2122 隔离开关确在断开位置；

（70）断开 2122 隔离开关电机电源开关；

（71）断开 220kVⅠ母电压互感器保护测量二次电压小开关；

（72）取下 220kV I 母电压互感器计量二次电压 A 相总熔丝；

（73）取下 220kV I 母电压互感器计量二次电压 B 相总熔丝；

（74）取下 220kV I 母电压互感器计量二次电压 C 相总熔丝；

（75）合上 219 隔离开关电机电源开关；

（76）拉开 219 隔离开关；

（77）检查 219 隔离开关确在断开位置；

（78）断开 219 隔离开关电机电源开关；

（79）在 2117 接地刀闸母线侧验明无电；

（80）合上 2117 接地刀闸；

（81）检查 2117 接地刀闸确在合好位置；

（82）在 2127 接地刀闸母线侧验明无电；

（83）合上 2127 接地刀闸；

（84）检查 2127 接地刀闸确在合好位置；

（85）在 2137 接地刀闸母线侧验明无电；

（86）合上 2137 接地刀闸；

（87）检查 2137 接地刀闸确在合好位置；

（88）在 2147 接地刀闸母线侧验明无电；

（89）合上 2147 接地刀闸；

（90）检查 2147 接地刀闸确在合好位置；

（91）断开 212 断路器第一组操作电源开关；

（92）断开 212 断路器第二组操作电源开关。

2. 220kV I 母由检修转运行

（1）合上 212 断路器第一组操作电源开关；

（2）合上 212 断路器第二组操作电源开关；

（3）拉开 2117 接地刀闸；

（4）检查 2117 接地刀闸确在断开位置；

（5）拉开 2127 接地刀闸；

（6）检查 2127 接地刀闸确在断开位置；

（7）拉开 2137 接地刀闸；

（8）检查 2137 接地刀闸确在断开位置；

（9）拉开 2147 接地刀闸；

（10）检查 2147 接地刀闸确在断开位置；

（11）检查 220kV I 母间隔确无地线具备送电条件；

（12）合上 219 隔离开关电机电源开关；

（13）合上 219 隔离开关；

（14）检查 219 隔离开关确在合好位置；

（15）断开 219 隔离开关电机电源开关；

（16）合上 220kVⅠ母电压互感器保护测量二次电压小开关；

（17）给上 220kVⅠ母电压互感器计量二次电压 A 相总熔丝；

（18）给上 220kVⅠ母电压互感器计量二次电压 B 相总熔丝；

（19）给上 220kVⅠ母电压互感器计量二次电压 C 相总熔丝；

（20）检查 212 断路器确在断开位置；

（21）合上 2122 隔离开关电机电源开关；

（22）合上 2122 隔离开关；

（23）检查 2122 隔离开关确在合好位置；

（24）断开 2122 隔离开关电机电源开关；

（25）合上 2121 隔离开关电机电源开关；

（26）合上 2121 隔离开关；

（27）检查 2121 隔离开关确在合好位置；

（28）断开 2121 隔离开关电机电源开关；

（29）投入 220kV 母联充电保护屏 220kV 母联充电解列保护充电保护投入压板；

（30）投入 220kV 母联充电保护屏 220kV 母联保护 220kV 母联开关第一组跳闸压板；

（31）投入 220kV 母联充电保护屏 220kV 母联保护 220kV 母联开关第二组跳闸压板；

（32）将 212 测控装置切换开关由"就地"改投"远方"位置；

（33）确认 212 间隔监控画面已调出；

（34）合上 212 断路器；

（35）检查 212 断路器确在合好位置；

（36）检查 220kVⅠ母电压指示正常；

（37）退出 220kV 母联充电保护屏 220kV 母联保护 220kV 母联开关第一组跳闸压板；

（38）退出 220kV 母联充电保护屏 220kV 母联保护 220kV 母联开关第二组跳闸压板；

（39）退出 220kV 母联充电保护屏 220kV 母联充电解列保护充电保护投入压板；

（40）投入 220kV 第一套母差保护屏 220kV 母差保护 220kVⅠ、Ⅱ母互联压板连接片；

（41）检查 220kV 第一套母差保护屏互联指示灯亮；

（42）投入 220kV 第二套母差保护屏 220kV 第二套母差保护互联投入压板；

（43）断开 212 断路器第一组操作电源开关；

（44）断开 212 断路器第二组操作电源开关；

（45）确认 251 间隔监控画面已调出；

（46）合上 2511 隔离开关电机电源开关；

（47）合上 2511 隔离开关；

（48）检查 2511 隔离开关确在合好位置；

（49）断开 2511 隔离开关电机电源开关；

（50）检查 2511 电压切换指示 I 母灯亮；

（51）合上 2512 隔离开关电机电源开关；

（52）拉开 2512 隔离开关；

（53）检查 2512 隔离开关确在断开位置；

（54）断开 2512 隔离开关电机电源开关；

（55）检查 2512 电压切换指示 II 母灯灭；

（56）确认 253 间隔监控画面已调出；

（57）合上 2531 隔离开关电机电源开关；

（58）合上 2531 隔离开关；

（59）检查 2531 隔离开关确在合好位置；

（60）断开 2531 隔离开关电机电源开关；

（61）检查 2531 电压切换指示 I 母灯亮；

（62）合上 2532 隔离开关电机电源开关；

（63）拉开 2532 隔离开关；

（64）检查 2532 隔离开关确在断开位置；

（65）断开 2532 隔离开关电机电源开关；

（66）检查 2532 电压切换指示 II 母灯灭；

（67）确认 255 间隔监控画面已调出；

（68）合上 2551 隔离开关电机电源开关；

（69）合上 2551 隔离开关；

（70）检查 2551 隔离开关确在合好位置；

（71）断开 2551 隔离开关电机电源开关；

（72）检查 2551 电压切换指示 I 母灯亮；

（73）合上 2552 隔离开关电机电源开关；

（74）拉开 2552 隔离开关；

（75）检查 2552 隔离开关确在断开位置；

（76）断开 2552 隔离开关电机电源开关；

（77）检查 2552 电压切换指示 II 母灯灭；

（78）确认 201 间隔监控画面已调出；

（79）合上 2011 隔离开关电机电源开关；

（80）合上 2011 隔离开关；

（81）检查 2011 隔离开关确在合好位置；

（82）断开 2011 隔离开关电机电源开关；

（83）检查 2011 电压切换指示 I 母灯亮；

（84）合上 2012 隔离开关电机电源开关；

（85）拉开 2012 隔离开关；

（86）检查 2012 隔离开关确在断开位置；

（87）断开 2012 隔离开关电机电源开关；

（88）检查 2012 电压切换指示 II 母灯灭；

（89）检查 220kV I、II 母方式倒正常；

（90）合上 212 断路器第一组操作电源开关；

（91）合上 212 断路器第二组操作电源开关；

（92）退出 220kV 第一套母差保护屏 220kV 母差保护 220kV I、II 母互联压板；

（93）检查 220kV 第一套母差保护屏互联指示灯灭；

（94）退出 220kV 第二套母差保护屏 220kV 第二套母差保护互联投入压板；

三、横岭 220kV 变电站 110kV 母线倒闸操作

1. 110kV I 母由运行转检修；

（1）检查 112 断路器确在合好位置；

（2）投入 110kV 母差保护屏 110kV 母差保护 110kV I、II 母互联压板；

（3）检查 110kV 母差保护屏互联指示灯亮；

（4）断开 112 断路器操作电源空气开关；

（5）确认 151 间隔监控画面已调出；

（6）合上 1512 隔离开关电机电源开关；

（7）合上 1512 隔离开关；

（8）检查 1512 隔离开关确在合好位置；

（9）断开 1512 隔离开关电机电源开关；

（10）检查 1512 电压切换指示 II 母灯亮；

（11）合上 1511 隔离开关电机电源开关；

（12）拉开 1511 隔离开关；

（13）检查 1511 隔离开关确在断开位置；

（14）断开 1511 隔离开关电机电源开关；

（15）检查 1511 电压切换指示 I 母灯灭；

（16）确认 153 间隔监控画面已调出；

（17）合上 1532 隔离开关电机电源开关；

（18）合上 1532 隔离开关；

（19）检查 1532 隔离开关确在合好位置；

（20）断开 1532 隔离开关电机电源开关；

（21）检查 1532 电压切换指示Ⅱ母灯亮；

（22）合上 1531 隔离开关电机电源开关；

（23）拉开 1531 隔离开关；

（24）检查 1531 隔离开关确在断开位置；

（25）断开 1531 隔离开关电机电源开关；

（26）检查 1531 电压切换指示Ⅰ母灯灭；

（27）确认 155 间隔监控画面已调出；

（28）合上 1552 隔离开关电机电源开关；

（29）合上 1552 隔离开关；

（30）检查 1552 隔离开关确在合好位置；

（31）断开 1552 隔离开关电机电源开关；

（32）检查 1552 电压切换指示Ⅱ母灯亮；

（33）合上 1551 隔离开关电机电源开关；

（34）拉开 1551 隔离开关；

（35）检查 1551 隔离开关确在断开位置；

（36）断开 1551 隔离开关电机电源开关；

（37）检查 1551 电压切换指示Ⅰ母灯灭；

（38）确认 157 间隔监控画面已调出；

（39）合上 1572 隔离开关电机电源开关；

（40）合上 1572 隔离开关；

（41）检查 1572 隔离开关确在合好位置；

（42）断开 1572 隔离开关电机电源开关；

（43）检查 1572 电压切换指示Ⅱ母灯亮；

（44）合上 1571 隔离开关电机电源开关；

（45）拉开 1571 隔离开关；

（46）检查 1571 隔离开关确在断开位置；

（47）断开 1571 隔离开关电机电源开关；

（48）检查 1571 电压切换指示Ⅰ母灯灭；

（49）确认 159 间隔监控画面已调出；

（50）合上 1592 隔离开关电机电源开关；

（51）合上 1592 隔离开关；

（52）检查 1592 隔离开关确在合好位置；

（53）断开 1592 隔离开关电机电源开关；

（54）检查 1592 电压切换指示Ⅱ母灯亮；

（55）合上 1591 隔离开关电机电源开关；

（56）拉开 1591 隔离开关；

（57）检查 1591 隔离开关确在断开位置；

（58）断开 1591 隔离开关电机电源开关；

（59）检查 1591 电压切换指示Ⅰ母灯灭；

（60）确认 101 间隔监控画面已调出；

（61）合上 1012 隔离开关电机电源开关；

（62）合上 1012 隔离开关；

（63）检查 1012 隔离开关确在合好位置；

（64）断开 1012 隔离开关电机电源开关；

（65）检查 1012 电压切换指示Ⅱ母灯亮；

（66）合上 1011 隔离开关电机电源开关；

（67）拉开 1011 隔离开关；

（68）检查 1011 隔离开关确在断开位置；

（69）断开 1011 隔离开关电机电源开关；

（70）检查 1011 电压切换指示Ⅰ母灯灭；

（71）检查 110kVⅠ母负荷已倒入Ⅱ母运行；

（72）合上 112 断路器操作电源空气开关；

（73）退出 110kV 母差保护屏 110kV 母差保护 110kVⅠ、Ⅱ母互联压板连接片；

（74）检查 110kV 母差保护屏互联指示灯灭；

（75）确认 112 间隔监控画面已调出；

（76）检查 112 断路器电流指示为零；

（77）拉开 112 断路器；

（78）将 112 测控装置切换开关由"远方"改投"就地"位置；

（79）检查 112 断路器确在断开位置；

（80）检查 110kVⅠ母电压指示为零；

（81）合上 1121 隔离开关电机电源开关；

（82）拉开 1121 隔离开关；

（83）检查 1121 隔离开关确在断开位置；

（84）断开 1121 隔离开关电机电源开关；

（85）合上 1122 隔离开关电机电源开关；

（86）拉开 1122 隔离开关；

(87) 检查 1122 隔离开关确在断开位置；

(88) 断开 1122 隔离开关电机电源开关；

(89) 断开 110kV Ⅰ 母电压互感器保护测量二次电压小开关；

(90) 取下 110kV Ⅰ 母电压互感器计量二次电压 A 相总熔丝；

(91) 取下 110kV Ⅰ 母电压互感器计量二次电压 B 相总熔丝；

(92) 取下 110kV Ⅰ 母电压互感器计量二次电压 C 相总熔丝；

(93) 合上 119 隔离开关电机电源开关；

(94) 拉开 119 隔离开关；

(95) 检查 119 隔离开关确在断开位置；

(96) 断开 119 隔离开关电机电源开关；

(97) 在 1117 接地刀闸母线侧验明无电；

(98) 合上 1117 接地刀闸；

(99) 检查 1117 接地刀闸确在合好位置；

(100) 在 1127 接地刀闸母线侧验明无电；

(101) 合上 1127 接地刀闸；

(102) 检查 1127 接地刀闸确在合好位置；

(103) 在 1137 接地刀闸母线侧验明无电；

(104) 合上 1137 接地刀闸；

(105) 检查 1137 接地刀闸确在合好位置；

(106) 在 1147 接地刀闸母线侧验明无电；

(107) 合上 1147 接地刀闸；

(108) 检查 1147 接地刀闸确在合好位置；

(109) 断开 112 断路器操作电源开关。

2. 110kV Ⅰ 母由检修转运行

(1) 合上 112 断路器操作电源开关；

(2) 拉开 1117 接地刀闸；

(3) 检查 1117 接地刀闸确在断开位置；

(4) 拉开 1127 接地刀闸；

(5) 检查 1127 接地刀闸确在断开位置；

(6) 拉开 1137 接地刀闸；

(7) 检查 1137 接地刀闸确在断开位置；

(8) 拉开 1147 接地刀闸；

(9) 检查 1147 接地刀闸确在断开位置；

(10) 检查 110kV Ⅰ 母间隔确无地线具备送电条件；

（11）合上 119 隔离开关电机电源开关；

（12）合上 119 隔离开关；

（13）检查 119 隔离开关确在合好位置；

（14）断开 119 隔离开关电机电源开关；

（15）合上 110kV I 母电压互感器保护测量二次电压小开关；

（16）给上 110kV I 母电压互感器计量二次电压 A 相总熔丝；

（17）给上 110kV I 母电压互感器计量二次电压 B 相总熔丝；

（18）给上 110kV I 母电压互感器计量二次电压 C 相总熔丝；

（19）检查 112 断路器确在断开位置；

（20）合上 1122 隔离开关电机电源开关；

（21）合上 1122 隔离开关；

（22）检查 1122 隔离开关确在合好位置；

（23）断开 1122 隔离开关电机电源开关；

（24）合上 1121 隔离开关电机电源开关；

（25）合上 1121 隔离开关；

（26）检查 1121 隔离开关确在合好位置；

（27）断开 1121 隔离开关电机电源开关；

（28）投入 110kV 母联充电保护屏 110kV 母联充电解列保护充电保护投入压板；

（29）投入 110kV 母联充电保护屏 110kV 母联保护 110kV 母联开关跳闸压板；

（30）将 112 测控装置切换开关由"就地"改投"远方"位置；

（31）确认 112 间隔监控画面已调出；

（32）合上 112 断路器；

（33）检查 112 断路器确在合好位置；

（34）检查 110kV I 母电压指示正常；

（35）退出 110kV 母联充电保护屏 110kV 母联保护 110kV 母联开关跳闸压板；

（36）退出 110kV 母联充电保护屏 110kV 母联充电解列保护充电保护投入压板；

（37）投入 110kV 母差保护屏 110kV 母差保护 110kV I、II 母互联压板；

（38）检查 110kV 母差保护屏互联指示灯亮；

（39）断开 112 断路器操作电源空气开关；

（40）确认 151 间隔监控画面已调出；

（41）合上 1511 隔离开关电机电源开关；

（42）合上 1511 隔离开关；

（43）检查 1511 隔离开关确在合好位置；

（44）断开 1511 隔离开关电机电源开关；

（45）检查 1511 电压切换指示Ⅰ母灯亮；

（46）合上 1512 隔离开关电机电源开关；

（47）拉开 1512 隔离开关；

（48）检查 1512 隔离开关确在断开位置；

（49）断开 1512 隔离开关电机电源开关；

（50）检查 1512 电压切换指示Ⅱ母灯灭；

（51）确认 153 间隔监控画面已调出；

（52）合上 1531 隔离开关电机电源开关；

（53）合上 1531 隔离开关；

（54）检查 1531 隔离开关确在合好位置；

（55）断开 1531 隔离开关电机电源开关；

（56）检查 1531 电压切换指示Ⅰ母灯亮；

（57）合上 1532 隔离开关电机电源开关；

（58）拉开 1532 隔离开关；

（59）检查 1532 隔离开关确在断开位置；

（60）断开 1532 隔离开关电机电源开关；

（61）检查 1532 电压切换指示Ⅱ母灯灭；

（62）确认 155 间隔监控画面已调出；

（63）合上 1551 隔离开关电机电源开关；

（64）合上 1551 隔离开关；

（65）检查 1551 隔离开关确在合好位置；

（66）断开 1551 隔离开关电机电源开关；

（67）检查 1551 电压切换指示Ⅰ母灯亮；

（68）合上 1552 隔离开关电机电源开关；

（69）拉开 1552 隔离开关；

（70）检查 1552 隔离开关确在断开位置；

（71）断开 1552 隔离开关电机电源开关；

（72）检查 1552 电压切换指示Ⅱ母灯灭；

（73）确认 157 间隔监控画面已调出；

（74）合上 1571 隔离开关电机电源开关；

（75）合上 1571 隔离开关；

（76）检查 1571 隔离开关确在合好位置；

（77）断开 1571 隔离开关电机电源开关；

（78）检查 1571 电压切换指示Ⅰ母灯亮；

（79）合上 1572 隔离开关电机电源开关；

（80）拉开 1572 隔离开关；

（81）检查 1572 隔离开关确在断开位置；

（82）断开 1572 隔离开关电机电源开关；

（83）检查 1572 电压切换指示Ⅱ母灯灭；

（84）确认 159 间隔监控画面已调出；

（85）合上 1591 隔离开关电机电源开关；

（86）合上 1591 隔离开关；

（87）检查 1591 隔离开关确在合好位置；

（88）断开 1591 隔离开关电机电源开关；

（89）检查 1591 电压切换指示Ⅰ母灯亮；

（90）合上 1592 隔离开关电机电源开关；

（91）拉开 1592 隔离开关；

（92）检查 1592 隔离开关确在断开位置；

（93）断开 1592 隔离开关电机电源开关；

（94）检查 1592 电压切换指示Ⅱ母灯灭；

（95）确认 101 间隔监控画面已调出；

（96）合上 1011 隔离开关电机电源开关；

（97）合上 1011 隔离开关；

（98）检查 1011 隔离开关确在合好位置；

（99）断开 1011 隔离开关电机电源开关；

（100）检查 1011 电压切换指示Ⅰ母灯亮；

（101）合上 1012 隔离开关电机电源开关；

（102）拉开 1012 隔离开关；

（103）检查 1012 隔离开关确在断开位置；

（104）断开 1012 隔离开关电机电源开关；

（105）检查 1012 电压切换指示Ⅱ母灯灭；

（106）检查 110kVⅠ、Ⅱ母方式倒正常；

（107）合上 112 断路器控制电源空气开关；

（108）退出 110kV 母差保护屏 110kV 母差保护 110kVⅠ、Ⅱ母互联压板；

（109）检查 110kV 母差保护屏互联指示灯灭。

四、梅力 110kV 变电站 110kV 母线倒闸操作

1. 110kVⅠ母由运行转检修

（1）经验算 2 号主变确不过负荷；

(2) 合上 110 中性点隔离开关;

(3) 检查 110 中性点隔离开关确在合好位置;

(4) 确认 112 间隔监控画面已调出;

(5) 合上 112 断路器;

(6) 检查 112 断路器确在合好位置;

(7) 将母线备自投屏 110kV 备自投闭锁把手由"退出"改投"投入"位置;

(8) 确认 151 间隔监控画面已调出;

(9) 拉开 151 断路器;

(10) 将 151 测控装置切换开关由"远方"改投"就地"位置;

(11) 确认 312 间隔监控画面已调出;

(12) 合上 312 断路器;

(13) 检查 312 断路器确在合好位置;

(14) 将母线备自投屏 35kV 备自投闭锁把手由"退出"改投"投入"位置;

(15) 确认 912 间隔监控画面已调出;

(16) 合上 912 断路器;

(17) 检查 912 断路器确在合好位置;

(18) 将母线备自投屏 10kV 备自投闭锁把手由"退出"改投"投入"位置;

(19) 确认 901 间隔监控画面已调出;

(20) 拉开 901 断路器;

(21) 将 901 测控装置切换开关由"远方"改投"就地"位置;

(22) 确认 301 间隔监控画面已调出;

(23) 拉开 301 断路器;

(24) 将 301 测控装置切换开关由"远方"改投"就地"位置;

(25) 确认 112 间隔监控画面已调出;

(26) 拉开 112 断路器;

(27) 将 112 测控装置切换开关由"远方"改投"就地"位置;

(28) 检查 151 断路器确在断开位置;

(29) 拉开 1516 隔离开关;

(30) 检查 1516 隔离开关确在断开位置;

(31) 拉开 1511 隔离开关;

(32) 检查 1511 隔离开关确在断开位置;

(33) 检查 901 断路器确在断开位置;

(34) 检查 901 开关柜带电显示器三相灯灭;

(35) 将 901 小车开关由"工作"位置摇至"试验"位置;

（36）检查 901 小车开关确在"试验"位置；

（37）检查 301 断路器确在断开位置；

（38）拉开 3016 隔离开关；

（39）检查 3016 隔离开关确在断开位置；

（40）拉开 3011 隔离开关；

（41）检查 3011 隔离开关确在断开位置；

（42）检查 112 断路器确在断开位置；

（43）拉开 1016 隔离开关；

（44）检查 1016 隔离开关确在断开位置；

（45）拉开 1121 隔离开关；

（46）检查 1121 隔离开关确在断开位置；

（47）拉开 1122 隔离开关；

（48）检查 1122 隔离开关确在断开位置；

（49）拉开 110 中性点隔离开关；

（50）检查 110 中性点隔离开关确在断开位置；

（51）断开 119 电压互感器二次计量空气开关；

（52）断开 119 电压互感器二次保护测量空气开关；

（53）拉开 119 隔离开关；

（54）检查 119 隔离开关确在断开位置；

（55）在 119 隔离开关母线侧验明无电；

（56）合上 1117 接地刀闸；

（57）检查 1117 接地刀闸确在合好位置；

（58）断开 151 断路器操作电源开关；

（59）断开 112 断路器操作电源开关；

（60）断开 301 断路器操作电源开关；

（61）断开 901 断路器操作电源开关。

2. 110kV Ⅰ母由检修转运行

（1）合上 151 断路器操作电源开关；

（2）合上 112 断路器操作电源开关；

（3）合上 301 断路器操作电源开关；

（4）合上 901 断路器操作电源开关；

（5）拉开 1117 接地刀闸；

（6）检查 1117 接地刀闸确在断开位置；

（7）检查 110kV Ⅰ母间隔确无电线具备送电条件；

（8）合上 119 隔离开关；

（9）检查 119 隔离开关确在合好位置；

（10）合上 119 电压互感器二次保护测量空气开关；

（11）合上 119 电压互感器二次计量空气开关；

（12）检查 901 断路器确在断开位置；

（13）检查 901 开关柜带电显示三相灯灭；

（14）将 901 小车开关由"试验"位置摇至"工作"位置；

（15）检查 901 小车开关确在"工作"位置；

（16）检查 301 断路器确在断开位置；

（17）合上 3011 隔离开关；

（18）检查 3011 隔离开关确在合好位置；

（19）合上 3016 隔离开关；

（20）检查 3016 隔离开关确在合好位置；

（21）检查 112 断路器确在断开位置；

（22）合上 1016 隔离开关；

（23）检查 1016 隔离开关确在合好位置；

（24）合上 110 中性点隔离开关；

（25）检查 110 中性点隔离开关确在合好位置；

（26）投入 110kV 母线充电保护压板；

（27）将 112 测控装置切换开关由"就地"改投"远方"位置；

（28）确认 112 间隔监控画面已调出；

（29）合上 112 断路器；

（30）检查 112 断路器确在合好位置；

（31）检查 110kV Ⅰ 母及 1 号主变充电正常；

（32）退出 110kV 母线充电保护压板；

（33）将 301 测控装置切换开关由"就地"改投"远方"位置；

（34）确认 301 间隔监控画面已调出；

（35）合上 301 断路器；

（36）检查 301 断路器确在合好位置；

（37）检查 1 号主变和 2 号主变负荷分配；

（38）将 901 测控装置切换开关由"就地"改投"远方"位置；

（39）确认 901 间隔监控画面已调出；

（40）合上 901 断路器；

（41）检查 901 断路器确在合好位置；

（42）检查 1 号主变和 2 号主变负荷分配；

（43）确认 912 间隔监控画面已调出；

（44）拉开 912 断路器；

（45）检查 912 断路器确在断开位置；

（46）将母线备自投屏 10kV 备自投闭锁把手由"投入"改投"退出"位置；

（47）确认 312 间隔监控画面已调出；

（48）拉开 312 断路器；

（49）检查 312 断路器确在断开位置；

（50）将母线备自投屏 35kV 备自投闭锁把手由"投入"改投"退出"位置；

（51）检查 1 号主变确已带负荷；

（52）拉开 110 中性点隔离开关；

（53）检查 110 中性点隔离开关确在断开位置；

（54）将 151 测控装置切换开关由"就地"改投"远方"位置；

（55）确认 151 间隔监控画面已调出；

（56）合上 151 断路器；

（57）检查 151 断路器确在合好位置；

（58）确认 112 间隔监控画面已调出；

（59）拉开 112 断路器；

（60）检查 112 断路器确在断开位置；

（61）将母线备自投屏 110kV 备自投闭锁把手由"投入"改投"退出"位置。

五、梅力 110kV 变电站 35kV 母线倒闸操作

1. 35kV Ⅰ母由运行转检修

（1）确认 351 间隔监控画面已调出；

（2）拉开 351 断路器；

（3）将 351 测控装置切换开关由"远方"改投"就地"位置；

（4）检查 351 断路器确在断开位置；

（5）拉开 3516 隔离开关；

（6）检查 3516 隔离开关确在断开位置；

（7）拉开 3511 隔离开关；

（8）检查 3511 隔离开关确在断开位置；

（9）确认 352 间隔监控画面已调出；

（10）拉开 352 断路器；

（11）将 352 测控装置切换开关由"远方"改投"就地"位置；

（12）检查 352 断路器确在断开位置；

(13) 拉开 3526 隔离开关；

(14) 检查 3526 隔离开关确在断开位置；

(15) 拉开 3521 隔离开关；

(16) 检查 3521 隔离开关确在断开位置；

(17) 确认 353 间隔监控画面已调出；

(18) 拉开 353 断路器；

(19) 将 353 测控装置切换开关由"远方"改投"就地"位置；

(20) 检查 353 断路器确在断开位置；

(21) 拉开 3536 隔离开关；

(22) 检查 3536 隔离开关确在断开位置；

(23) 拉开 3531 隔离开关；

(24) 检查 3531 隔离开关确在断开位置；

(25) 确认 301 间隔监控画面已调出；

(26) 拉开 301 断路器；

(27) 将 301 测控装置切换开关由"远方"改投"就地"位置；

(28) 检查 301 断路器确在断开位置；

(29) 拉开 3016 隔离开关；

(30) 检查 3016 隔离开关确在断开位置；

(31) 拉开 3011 隔离开关；

(32) 检查 3011 隔离开关确在断开位置；

(33) 将母线备自投屏 35kV 备自投闭锁把手由"退出"改投"投入"位置；

(34) 检查 312 断路器确在断开位置；

(35) 将 312 测控装置切换开关由"远方"改投"就地"位置；

(36) 拉开 3121 隔离开关；

(37) 检查 3121 隔离开关确在断开位置；

(38) 拉开 3122 隔离开关；

(39) 检查 3122 隔离开关确在断开位置；

(40) 断开 319 电压互感器二次保护测量空气开关；

(41) 断开 319 电压互感器二次计量空气开关；

(42) 拉开 319 隔离开关；

(43) 检查 319 隔离开关确在断开位置；

(44) 在 319 隔离开关母线侧验明无电；

(45) 合上 3117 接地刀闸；

(46) 检查 3117 接地刀闸确在合好位置；

（47）断开 351 断路器操作电源开关；

（48）断开 352 断路器操作电源开关；

（49）断开 353 断路器操作电源开关；

（50）断开 312 断路器操作电源开关；

（51）断开 301 断路器操作电源开关。

2. 35kV Ⅰ 母由检修转运行

（1）合上 301 断路器操作电源开关；

（2）合上 312 断路器操作电源开关；

（3）合上 351 断路器操作电源开关；

（4）合上 352 断路器操作电源开关；

（5）合上 353 断路器操作电源开关；

（6）拉开 3117 接地刀闸；

（7）检查 3117 接地刀闸确在断开位置；

（8）检查 35kV Ⅰ 母间隔确无地线具备送电条件；

（9）合上 319 隔离开关；

（10）检查 319 隔离开关确在合好位置；

（11）合上 319 电压互感器二次保护测量空气开关；

（12）合上 319 电压互感器二次计量空气开关；

（13）检查 312 断路器确在断开位置；

（14）合上 3122 隔离开关；

（15）检查 3122 隔离开关确在合好位置；

（16）合上 3121 隔离开关；

（17）检查 3121 隔离开关确在合好位置；

（18）检查 301 断路器确在断开位置；

（19）合上 3016 隔离开关；

（20）检查 3016 隔离开关确在合好位置；

（21）合上 3011 隔离开关；

（22）检查 3011 隔离开关确在合好位置；

（23）检查 351 断路器确在断开位置；

（24）合上 3511 隔离开关；

（25）检查 3511 隔离开关确在断开位置；

（26）合上 3516 隔离开关；

（27）检查 3516 隔离开关确在断开位置；

（28）检查 352 断路器确在断开位置；

（29）合上 3521 隔离开关；

（30）检查 3521 隔离开关确在断开位置；

（31）合上 3526 隔离开关；

（32）检查 3526 隔离开关确在断开位置；

（33）检查 353 断路器确在断开位置；

（34）合上 3531 隔离开关；

（35）检查 3531 隔离开关确在断开位置；

（36）合上 3536 隔离开关；

（37）检查 3536 隔离开关确在断开位置；

（38）将 312 测控装置切换开关由"就地"改投"远方"位置；

（39）确认 312 间隔监控画面已调出；

（40）合上 312 断路器；

（41）检查 312 断路器确在合好位置；

（42）检查 35kV Ⅰ 母电压指示正常；

（43）将 301 测控装置切换开关由"就地"改投"远方"位置；

（44）确认 301 间隔监控画面已调出；

（45）合上 301 断路器；

（46）检查 301 断路器确在合好位置；

（47）确认 312 间隔监控画面已调出；

（48）拉开 312 断路器；

（49）检查 312 断路器确在断开位置；

（50）将母线备自投屏 35kV 备自投闭锁把手由"投入"改投"退出"位置；

（51）将 351 测控装置切换开关由"就地"改投"远方"位置；

（52）确认 351 间隔监控画面已调出；

（53）合上 351 断路器；

（54）检查 351 断路器确在合好位置；

（55）将 352 测控装置切换开关由"就地"改投"远方"位置；

（56）确认 352 间隔监控画面已调出；

（57）合上 352 断路器；

（58）检查 352 断路器确在合好位置；

（59）将 353 测控装置切换开关由"就地"改投"远方"位置；

（60）确认 353 间隔监控画面已调出；

（61）合上 353 断路器；

（62）检查 353 断路器确在合好位置。

六、梅力 110kV 变电站 10kV 母线倒闸操作

1. 10kV Ⅰ 母由运行转检修

(1) 将母线备自投屏 10kV 备自投闭锁把手由"退出"改投"投入"位置；

(2) 检查 912 断路器确在断开位置；

(3) 将 912 测控装置切换开关由"远方"改投"就地"位置；

(4) 将 912 小车开关由"工作"位置摇至"试验"位置；

(5) 检查 912 小车开关确在"试验"位置；

(6) 将 9122 隔离小车由"工作"位置摇至"试验"位置；

(7) 检查 9122 隔离小车确在"试验"位置；

(8) 检查 914 开关柜带电显示器三相灯亮；

(9) 确认 914 间隔监控画面已调出；

(10) 拉开 914 断路器；

(11) 检查 914 断路器确在断开位置；

(12) 将 914 测控装置切换开关由"远方"改投"就地"位置；

(13) 检查 914 开关柜带电显示器三相灯灭；

(14) 拉开 9146 隔离开关；

(15) 检查 9146 隔离开关确在断开位置；

(16) 将 914 小车开关由"工作"位置摇至"试验"位置；

(17) 检查 914 小车开关确在"试验"位置；

(18) 检查 924 断路器确在断开位置；

(19) 将 924 测控装置切换开关由"远方"改投"就地"位置；

(20) 拉开 9246 隔离开关；

(21) 检查 9246 隔离开关确在断开位置；

(22) 将 924 小车开关由"工作"位置摇至"试验"位置；

(23) 检查 924 小车开关确在"试验"位置；

(24) 检查 916 开关柜带电显示器三相灯亮；

(25) 确认 916 间隔监控画面已调出；

(26) 拉开 916 断路器；

(27) 检查 916 断路器确在断开位置；

(28) 将 916 测控装置切换开关由"远方"改投"就地"位置；

(29) 检查 916 开关柜带电显示器三相灯灭；

(30) 将 916 小车开关由"工作"位置摇至"试验"位置；

(31) 检查 916 小车开关确在"试验"位置；

(32) 检查 951 开关柜带电显示器三相灯亮；

（33）确认951间隔监控画面已调出；

（34）拉开951断路器；

（35）检查951断路器确在断开位置；

（36）将951测控装置切换开关由"远方"改投"就地"位置；

（37）检查951开关柜带电显示器三相灯灭；

（38）将951小车开关由"工作"位置摇至"试验"位置；

（39）检查951小车开关确在"试验"位置；

（40）检查952开关柜带电显示器三相灯亮；

（41）确认952间隔监控画面已调出；

（42）拉开952断路器；

（43）检查952断路器确在断开位置；

（44）将952测控装置切换开关由"远方"改投"就地"位置；

（45）检查952开关柜带电显示器三相灯灭；

（46）将952小车开关由"工作"位置摇至"试验"位置；

（47）检查952小车开关确在"试验"位置；

（48）检查953开关柜带电显示器三相灯亮；

（49）确认953间隔监控画面已调出；

（50）拉开953断路器；

（51）检查953断路器确在断开位置；

（52）将953测控装置切换开关由"远方"改投"就地"位置；

（53）检查953开关柜带电显示器三相灯灭；

（54）将953小车开关由"工作"位置摇至"试验"位置；

（55）检查953小车开关确在"试验"位置；

（56）检查954开关柜带电显示器三相灯亮；

（57）确认954间隔监控画面已调出；

（58）拉开954断路器；

（59）检查954断路器确在断开位置；

（60）将954测控装置切换开关由"远方"改投"就地"位置；

（61）检查954开关柜带电显示器三相灯灭；

（62）将954小车开关由"工作"位置摇至"试验"位置；

（63）检查954小车开关确在"试验"位置；

（64）检查955开关柜带电显示器三相灯亮；

（65）确认955间隔监控画面已调出；

（66）拉开955断路器；

（67）检查 955 断路器确在断开位置；

（68）将 955 测控装置切换开关由"远方"改投"就地"位置；

（69）检查 955 开关柜带电显示器三相灯灭；

（70）将 955 小车开关由"工作"位置摇至"试验"位置；

（71）检查 955 小车开关确在"试验"位置；

（72）检查 956 开关柜带电显示器三相灯亮；

（73）确认 956 间隔监控画面已调出；

（74）拉开 956 断路器；

（75）检查 956 断路器确在断开位置；

（76）将 956 测控装置切换开关由"远方"改投"就地"位置；

（77）检查 956 开关柜带电显示器三相灯灭；

（78）将 956 小车开关由"工作"位置摇至"试验"位置；

（79）检查 956 小车开关确在"试验"位置；

（80）确认 901 间隔监控画面已调出；

（81）拉开 901 断路器；

（82）检查 901 断路器确在断开位置；

（83）将 901 测控装置切换开关由"远方"改投"就地"位置；

（84）检查 10kV I 母电压指示为零；

（85）将 901 小车开关由"工作"位置摇至"试验"位置；

（86）检查 901 小车开关确在"试验"位置；

（87）断开 919 电压互感器二次保护测量空气开关；

（88）断开 919 电压互感器二次计量空气开关；

（89）将 919 小车开关由"工作"位置摇至"试验"位置；

（90）检查 919 小车开关确在"试验"位置；

（91）取下 919 小车开关二次插件；

（92）将 919 小车开关由"试验"位置拉至"检修"位置；

（93）检查 919 小车开关确在"检修"位置；

（94）在 919 开关柜母线侧验明确无电压；

（95）在 919 开关柜母线侧装设 10kV 接地线一组；

（96）检查 919 开关柜母线侧装设 10kV 接地线一组。

2. 10kV I 母由检修转运行

（1）拆除 919 开关柜母线侧 10kV 接地线；

（2）检查 919 开关柜母线侧 10kV 接地线确已拆除；

（3）检查 10kV I 母间隔确无地线具备送电条件；

（4）将 919 小车开关由"检修"位置推至"试验"位置；

（5）检查 919 小车开关确在"试验"位置；

（6）给上 919 小车开关二次插件；

（7）将 919 小车开关由"试验"位置摇至"工作"位置；

（8）检查 919 小车开关确在"工作"位置；

（9）合上 919 电压互感器二次保护测量空气开关；

（10）合上 919 电压互感器二次计量空气开关；

（11）检查 912 断路器确在断开位置；

（12）将 9122 隔离小车由"试验"位置摇至"工作"位置；

（13）检查 9122 隔离小车确在"工作"位置；

（14）将 912 小车开关由"试验"位置摇至"工作"位置；

（15）检查 912 小车开关确在"工作"位置；

（16）将 912 测控装置切换开关由"就地"改投"远方"位置；

（17）将母线备自投屏 10kV 备自投闭锁把手由"退出"改投"投入"位置；

（18）确认 912 间隔监控画面已调出；

（19）合上 912 断路器；

（20）检查 912 断路器确在合好位置；

（21）检查 10kV Ⅰ母电压指示正常；

（22）检查 901 断路器确在断开位置；

（23）将 901 小车开关由"试验"位置摇至"工作"位置；

（24）检查 901 小车开关确在"工作"位置；

（25）将 901 测控装置切换开关由"就地"改投"远方"位置；

（26）确认 901 间隔监控画面已调出；

（27）合上 901 断路器；

（28）检查 901 断路器确在合好位置；

（29）确认 912 间隔监控画面已调出；

（30）拉开 912 断路器；

（31）检查 912 断路器确在断开位置；

（32）将母线备自投屏 10kV 备自投闭锁把手由"投入"改投"退出"位置；

（33）检查 951 断路器确在断开位置；

（34）将 951 小车开关由"试验"位置摇至"工作"位置；

（35）检查 951 小车开关确在"工作"位置；

（36）将 951 测控装置切换开关由"就地"改投"远方"位置；

（37）检查 951 开关柜带电显示器三相灯灭；

（38）确认 951 间隔监控画面已调出；

（39）合上 951 断路器；

（40）检查 951 断路器确在合好位置；

（41）检查 951 开关柜带电显示器三相灯亮；

（42）检查 952 断路器确在断开位置；

（43）将 952 小车开关由"试验"位置摇至"工作"位置；

（44）检查 952 小车开关确在"工作"位置；

（45）将 952 测控装置切换开关由"就地"改投"远方"位置；

（46）检查 952 开关柜带电显示器三相灯灭；

（47）确认 952 间隔监控画面已调出；

（48）合上 952 断路器；

（49）检查 952 断路器确在合好位置；

（50）检查 952 开关柜带电显示器三相灯亮；

（51）检查 953 断路器确在断开位置；

（52）将 953 小车开关由"试验"位置摇至"工作"位置；

（53）检查 953 小车开关确在"工作"位置；

（54）将 953 测控装置切换开关由"就地"改投"远方"位置；

（55）检查 953 开关柜带电显示器三相灯灭；

（56）确认 953 间隔监控画面已调出；

（57）合上 953 断路器；

（58）检查 953 断路器确在合好位置；

（59）检查 953 开关柜带电显示器三相灯亮；

（60）检查 954 断路器确在断开位置；

（61）将 954 小车开关由"试验"位置摇至"工作"位置；

（62）检查 954 小车开关确在"工作"位置；

（63）将 954 测控装置切换开关由"就地"改投"远方"位置；

（64）检查 954 开关柜带电显示器三相灯灭；

（65）确认 954 间隔监控画面已调出；

（66）合上 954 断路器；

（67）检查 954 断路器确在合好位置；

（68）检查 954 开关柜带电显示器三相灯亮；

（69）检查 955 断路器确在断开位置；

（70）将 955 小车开关由"试验"位置摇至"工作"位置；

（71）检查 955 小车开关确在"工作"位置；

（72）将 955 测控装置切换开关由"就地"改投"远方"位置；

（73）检查 955 开关柜带电显示器三相灯灭；

（74）确认 955 间隔监控画面已调出；

（75）合上 955 断路器；

（76）检查 955 断路器确在合好位置；

（77）检查 955 开关柜带电显示器三相灯亮；

（78）检查 956 断路器确在断开位置；

（79）将 956 小车开关由"试验"位置摇至"工作"位置；

（80）检查 956 小车开关确在"工作"位置；

（81）将 956 测控装置切换开关由"就地"改投"远方"位置；

（82）检查 956 开关柜带电显示器三相灯灭；

（83）确认 956 间隔监控画面已调出；

（84）合上 956 断路器；

（85）检查 956 断路器确在合好位置；

（86）检查 956 开关柜带电显示器三相灯亮；

（87）检查 916 断路器确在断开位置；

（88）将 916 小车开关由"试验"位置摇至"工作"位置；

（89）检查 916 小车开关确在"工作"位置；

（90）将 916 测控装置切换开关由"就地"改投"远方"位置；

（91）检查 916 开关柜带电显示器三相灯灭；

（92）确认 916 间隔监控画面已调出；

（93）合上 916 断路器；

（94）检查 916 断路器确在合好位置；

（95）检查 916 开关柜带电显示器三相灯亮；

（96）检查 914 断路器确在断开位置；

（97）合上 9146 隔离开关；

（98）检查 9146 隔离开关确在合好位置；

（99）将 914 小车开关由"试验"位置摇至"工作"位置；

（100）检查 914 小车开关确在"工作"位置；

（101）将 914 测控装置切换开关由"就地"改投"远方"位置；

（102）检查 914 开关柜带电显示器三相灯灭；

（103）确认 914 间隔监控画面已调出；

（104）合上 914 断路器；

（105）检查 914 断路器确在合好位置；

（106）检查 914 开关柜带电显示器三相灯亮；

（107）检查 924 断路器确在断开位置；

（108）合上 9246 隔离开关；

（109）检查 9246 隔离开关确在合好位置；

（110）将 924 小车开关由"试验"位置摇至"工作"位置；

（111）检查 924 小车开关确在"工作"位置；

（112）将 924 测控装置切换开关由"就地"改投"远方"位置；

（113）拉开 412 断路器；

（114）检查 412 断路器确在断开位置；

（115）合上 401 断路器；

（116）检查 401 断路器确在合好位置；

（117）检查 1 号站用变压器负荷恢复正常运行方式。

第四节　电压互感器倒闸操作

一、电压互感器倒闸操作危险点分析与预控

电压互感器倒闸操作中存在的危险点及预控措施如表 1-4 所示。

表 1-4　　　　　　　　　电压互感器操作危险点分析与预防控制措施

序号	危险点	预防控制措施
1	不具备操作条件进行倒闸操作，造成人身触电。如：安全工器具不合格、防误装置功能不全、雷电时进行室外倒闸操作等	（1）操作前，检查使用的安全工器具应合格，不合格或试验超期的安全工器具应退出。 （2）操作前，检查设备外壳应可靠接地，设备名称、编号应齐全、正确。 （3）操作前，检查现场设备防误装置功能应齐全、完备。 （4）雷电时，禁止就地倒闸操作
2	操作不当造成人身触电。如：误入带电间隔、误拉、合断路器、带负荷拉、合隔离开关、带电挂接地线（或合接地刀闸）、带接地线（或接地刀闸）送电等	（1）倒闸操作必须严格使用五防，特殊情况需要解锁操作时必须严格执行解锁审批程序。 （2）倒闸操作必须严格执行操作票制度，操作票必须经过审核批准后执行。 （3）倒闸操作必须有人监护，严格执行监护复诵制。 （4）操作人员必须正确使用劳动防护用品，熟悉操作设备和操作程序
3	验电器、绝缘操作杆受潮，造成人身触电。如：雨天操作没有防雨罩，存放或使用不当等	（1）验电器、绝缘杆必须存放在具有驱潮功能的工具柜内，使用前，应检查合格并擦拭干净。 （2）雨、雪天操作室外设备时绝缘杆应有防雨罩，罩的上口应与绝缘部分紧密结合，无渗漏现象。 （3）操作中，绝缘工器具不允许平放在潮湿地面上；使用验电器、绝缘操作杆操作时，均应戴绝缘手套
4	装、拆接地线时造成触电。如：装、拆接地线碰到有电设备，操作人与带电部位小于安全距离、攀爬设备架构等	（1）装接地线前必须先验电。接地线装设位置必须是验电侧位置，装、拆接地线时，绝缘杆不得随意摆动，保证接地线头及其引线与带电部位保持足够的安全距离。 （2）装、拆接地线时应戴绝缘手套、穿绝缘靴，并加强监护。

序号	危险点	预防控制措施
4		(3) 严禁攀爬设备架构。严禁直接攀登构架或利用隔离开关横连杆作踩点装、拆接地线
5	人身伤害。如：物体打击、高空坠落、踏空摔滑、碰触架构、窒息中毒等伤害	(1) 操作时，必须正确佩戴安全帽。 (2) 操作地线时，握杆位置要正确，防止地线杆摆动。 (3) 操作前检查安全工器具是否完好，及时处理存在问题。 (4) 借助梯子等平台进行操作时，应将梯子放稳并采取防滑措施，夜间操作应启用照明设备。 (5) 及时清除操作平台、通道等积雪、结冰（霜）、油污并采取防滑措施。 (6) 事故状态下需操作室内设备时，必须及时通风并正确佩戴防毒面具或正压式呼吸器。 (7) 进入 SF₆ 设备室前应提前通风至少 15min，并检查 SF₆ 检测装置信息无异常、含氧量正常。 (8) 值班负责人了解操作人员的精神状态（如酗酒、熬夜、情绪不稳定），必要时向站长汇报，做临时停岗或进行人员调整。监护人与操作人始终保持一臂距离，监护人发现操作人处于危险状态及时处置
6	电压互感器、消弧线圈、电容器、站用变压器操作不当造成人员伤害	(1) 系统有接地故障时禁止拉合电压互感器、消弧线圈。 (2) 不得用隔离开关、小车直接拉合有故障的电压互感器。 (3) 电容器、站用变压器转为备用或检修后，在未对电容器、站用变压器放电前不得靠近
7	操作隔离开关过程中瓷柱折断砸伤人，引线下倾，造成人身触电。如：站立位置不当、操作用力过猛、绝缘子开裂或安装不牢固	(1) 操作前，应检查隔离开关瓷质部分无明显缺陷，如有，立即停止操作。 (2) 操作前，操作人、监护人应注意选择合适的操作站立位置，不要站在隔离开关瓷柱下方，操作用力要适当。 (3) 操作隔离开关时，如有卡塞现象不得强行操作，应查明原因；操作电动隔离开关时，应做好随时紧急停止操作的准备。 (4) 发生断裂接地现象时，人员应注意防止跨步电压伤害
8	倒母线操作因操作不当造成系统故障	(1) 倒母线前，将各套母差保护互联连接片投至"互联"位置。再断开母联开关控制电源（熔断器）。 (2) 倒母线操作时，隔离开关操作必须先合后拉。 (3) 拉开分段断路器后在母差保护屏投入"分列运行"连接片；合上分段断路器前在母差保护退出"分列运行"连接片

二、横岭 220kV 变电站 220kV 电压互感器倒闸操作

1. 220kV Ⅰ 母电压互感器由运行转检修

(1) 检查 212 断路器确在合好位置；

(2) 将 220kV 母线设备测控屏 220kV Ⅰ、Ⅱ 母电压互感器二次电压并列小开关由"停用"改投"投入"位置；

(3) 检查电压并列指示灯亮；

(4) 断开 220kV Ⅰ 母电压互感器保护测量二次电压小开关；

(5) 取下 220kV Ⅰ 母电压互感器计量二次电压 A 相总熔丝；

（6）取下 220kVⅠ母电压互感器计量二次电压 B 相总熔丝；

（7）取下 220kVⅠ母电压互感器计量二次电压 C 相总熔丝；

（8）检查 220kVⅠ母电压指示正常；

（9）合上 219 隔离开关电机电源开关；

（10）拉开 219 隔离开关；

（11）检查 219 隔离开关确在断开位置；

（12）断开 219 隔离开关电机电源开关；

（13）在 219 隔离开关电压互感器侧验明无电；

（14）合上 2197 接地刀闸；

（15）检查 2197 接地刀闸确在合好位置。

2. 220kVⅠ母电压互感器由检修转运行

（1）拉开 2197 接地刀闸；

（2）检查 2197 接地刀闸确在断开位置；

（3）检查 219 间隔确无地线具备送电条件；

（4）合上 219 隔离开关电机电源开关；

（5）合上 219 隔离开关；

（6）检查 219 隔离开关确在合好位置；

（7）断开 219 隔离开关电机电源开关；

（8）合上 220kVⅠ母电压互感器保护测量二次电压小开关；

（9）给上 220kVⅠ母电压互感器计量二次电压 A 相总熔丝；

（10）给上 220kVⅠ母电压互感器计量二次电压 B 相总熔丝；

（11）给上 220kVⅠ母电压互感器计量二次电压 C 相总熔丝；

（12）将 220kV 母线设备测控屏 220kVⅠ、Ⅱ母电压互感器二次电压并列小开关由"投入"改投"停用"位置；

（13）检查电压并列指示灯灭；

（14）检查 220kVⅠ母电压指示正常。

三、横岭 220kV 变电站 110kV 电压互感器倒闸操作

1. 110kVⅠ母电压互感器由运行转检修

（1）检查 112 断路器确在合好位置；

（2）将 110kV 母线设备测控屏 110kVⅠ、Ⅱ母电压互感器二次电压并列小开关由"停用"改投"投入"位置；

（3）检查电压并列指示灯亮；

（4）断开 110kVⅠ母电压互感器保护测量二次电压小开关；

（5）取下 110kVⅠ母电压互感器计量二次电压 A 相总熔丝；

(6) 取下 110kV Ⅰ 母电压互感器计量二次电压 B 相总熔丝；

(7) 取下 110kV Ⅰ 母电压互感器计量二次电压 C 相总熔丝；

(8) 检查 110kV Ⅰ 母电压指示正常；

(9) 合上 119 隔离开关电机电源开关；

(10) 拉开 119 隔离开关；

(11) 检查 119 隔离开关确在断开位置；

(12) 断开 119 隔离开关电机电源开关；

(13) 在 119 隔离开关电压互感器侧验明无电；

(14) 合上 1197 接地刀闸；

(15) 检查 1197 接地刀闸确在合好位置。

2. 110kV Ⅰ 母电压互感器由检修转运行

(1) 拉开 1197 接地刀闸；

(2) 检查 1197 接地刀闸确在断开位置；

(3) 检查 119 间隔确无地线具备送电条件；

(4) 合上 119 隔离开关电机电源开关；

(5) 合上 119 隔离开关；

(6) 检查 119 隔离开关确在合好位置；

(7) 断开 119 隔离开关电机电源开关；

(8) 合上 110kV Ⅰ 母电压互感器保护测量二次电压小开关；

(9) 给上 110kV Ⅰ 母电压互感器计量二次电压 A 相总熔丝；

(10) 给上 110kV Ⅰ 母电压互感器计量二次电压 B 相总熔丝；

(11) 给上 110kV Ⅰ 母电压互感器计量二次电压 C 相总熔丝；

(12) 将 110kV 母线设备测控屏 110kV 正 Ⅱ 母电压互感器二次电压并列小开关由"投入"改投"停用"位置；

(13) 检查电压并列指示灯灭；

(14) 检查 110kV Ⅰ 母电压指示正常。

四、横岭 220kV 变电站 35kV 电压互感器倒闸操作

1. 35kV Ⅰ 母电压互感器由运行转检修

(1) 将 35kV 备用电源闭锁切换开关由"退出"改投"投入"位置；

(2) 确认 312 间隔监控画面已调出；

(3) 合上 312 断路器；

(4) 检查 312 断路器确在合好位置；

(5) 将 35kV 母线设备、母线分段备自投保护测控屏 35kV Ⅰ、Ⅱ 母线电压二次并列小开关由"停用"改投"投入"位置；

（6）检查电压并列指示灯亮；

（7）断开 35kVⅠ段母线电压互感器保护测量二次电压小开关；

（8）取下 35kVⅠ段母线电压互感器计量二次电压 A 相熔丝；

（9）取下 35kVⅠ段母线电压互感器计量二次电压 B 相熔丝；

（10）取下 35kVⅠ段母线电压互感器计量二次电压 C 相熔丝；

（11）检查 35kVⅠ母电压指示正常；

（12）将 319 小车开关由"工作"位置摇至"试验"位置；

（13）检查 319 小车开关确在"试验"位置；

（14）取下 319 小车开关二次插件；

（15）将 319 小车开关由"试验"位置拉至"检修"位置；

（16）检查 319 小车开关确在"检修"位置。

2. 35kVⅠ母电压互感器由检修转运行

（1）将 319 小车开关由"检修"位置推至"试验"位置；

（2）检查 319 小车开关在"试验"位置；

（3）给上 319 小车开关二次插件；

（4）将 319 小车开关由"试验"位置摇至"工作"位置；

（5）检查 319 小车开关确在"工作"位置；

（6）合上 35kVⅠ段母线电压互感器保护测量二次电压小开关；

（7）给上 35kVⅠ段母线电压互感器计量二次电压 A 相熔丝；

（8）给上 35kVⅠ段母线电压互感器计量二次电压 B 相熔丝；

（9）给上 35kVⅠ段母线电压互感器计量二次电压 C 相熔丝；

（10）将 35kV 母设、母分备自投保护测控屏 35kVⅠ、Ⅱ母线电压二次并列小开关由"投入"改投"停用"位置；

（11）检查电压并列指示灯灭；

（12）检查 35kVⅠ母电压指示正常；

（13）确认 312 间隔监控画面已调出；

（14）断开 312 断路器；

（15）检查 312 断路器确在断开位置；

（16）将 35kV 备用电源闭锁切换开关由"投入"改投"退出"位置。

五、梅力 110kV 变电站 110kV 电压互感器倒闸操作

1. 110kVⅠ母电压互感器由运行转检修

（1）将母线备自投屏 110kV 备自投闭锁把手由"退出"改投"投入"位置；

（2）确认 112 间隔监控画面已调出；

（3）合上 112 断路器；

（4）检查 112 断路器确在合好位置；

（5）将电压互感器并列装置屏 110kV 电压互感器并列切换把手由"遥控控制"改投"手动并列"位置；

（6）检查并列指示灯亮；

（7）断开 119 电压互感器二次保护测量空气开关；

（8）断开 119 电压互感器二次计量空气开关；

（9）检查 110kV I 母电压指示正常；

（10）拉开 119 隔离开关；

（11）检查 119 隔离开关确在断开位置；

（12）在 119 隔离开关电压互感器侧验明无电；

（13）合上 1197 接地刀闸；

（14）检查 1197 接地刀闸确在合好位置。

2. 110kV I 母电压互感器由检修转运行

（1）拉开 1197 接地刀闸；

（2）检查 1197 接地刀闸确在断开位置；

（3）检查 119 间隔确无地线具备送电条件；

（4）合上 119 隔离开关；

（5）检查 119 隔离开关确在合好位置；

（6）合上 119 电压互感器二次保护测量空气开关；

（7）合上 119 电压互感器二次计量空气开关；

（8）将电压互感器并列装置屏 110kV 电压互感器并列切换把手由"手动并列"改投"遥控控制"位置；

（9）检查并列指示灯灭；

（10）检查 110kV I 母电压指示正常；

（11）确认 112 间隔监控画面已调出；

（12）拉开 112 断路器；

（13）检查 112 断路器确在断开位置；

（14）将母线备自投屏 110kV 备自投闭锁把手由"投入"改投"退出"位置。

六、梅力 110kV 变电站 35kV 电压互感器倒闸操作

1. 35kV I 母电压互感器由运行转检修

（1）将母线备自投屏 35kV 备自投闭锁把手由"退出"改投"投入"位置；

（2）确认 312 间隔监控画面已调出；

（3）合上 312 断路器；

（4）检查 312 断路器确在合好位置；

(5) 将电压互感器并列装置屏 35kV 电压互感器并列切换把手由"遥控控制"改投"手动并列"位置；

(6) 检查并列指示灯亮；

(7) 断开 319 电压互感器二次保护测量空气开关；

(8) 断开 319 电压互感器二次计量空气开关；

(9) 检查 35kVⅠ母电压指示正常；

(10) 拉开 319 隔离开关；

(11) 检查 319 隔离开关确在断开位置；

(12) 在 319 隔离开关电压互感器侧验明无电；

(13) 合上 3197 接地刀闸；

(14) 检查 3197 接地刀闸确在合好位置。

2. 35kVⅠ母电压互感器由检修转运行

(1) 拉开 3197 接地刀闸；

(2) 检查 3197 接地刀闸确在断开位置；

(3) 检查 319 间隔确无地线具备送电条件；

(4) 合上 319 隔离开关；

(5) 检查 319 隔离开关确在合好位置；

(6) 合上 319 电压互感器二次保护测量空气开关；

(7) 合上 319 电压互感器二次计量空气开关；

(8) 将电压互感器并列装置屏 35kV 电压互感器并列切换把手由"手动并列"改投"遥控控制"位置；

(9) 检查并列指示灯灭；

(10) 检查 35kVⅠ母电压指示正常；

(11) 确认 312 间隔监控画面已调出；

(12) 拉开 312 断路器；

(13) 检查 312 断路器确在断开位置；

(14) 将母线备自投屏 35kV 备自投闭锁把手由"投入"改投"退出"位置。

七、梅力 110kV 变电站 10kV 电压互感器倒闸操作

1. 10kVⅠ母电压互感器由运行转检修

(1) 将母线备自投屏 10kV 备自投闭锁把手由"退出"改投"投入"位置；

(2) 确认 912 间隔监控画面已调出；

(3) 合上 912 断路器；

(4) 检查 912 断路器确在合好位置；

(5) 将电压互感器并列装置屏 10kV 电压互感器并列切换把手由"遥控控制"改投"手

动并列"位置；

(6) 检查并列指示灯亮；

(7) 断开919电压互感器二次保护测量空气开关；

(8) 断开919电压互感器二次计量空气开关；

(9) 检查10kVⅠ母电压指示正常；

(10) 将919小车开关由"工作"位置摇至"试验"位置；

(11) 检查919小车开关确在"试验"位置；

(12) 取下919小车开关二次插件；

(13) 将919小车开关由"试验"位置拉至"检修"位置；

(14) 检查919小车开关确在"检修"位置；

2. 10kVⅠ母电压互感器由检修转运行：

(1) 检查919间隔确无地线具备送电条件；

(2) 将919小车开关由"检修"位置推至"试验"位置；

(3) 检查919小车开关确在"试验"位置；

(4) 给上919小车开关二次插件；

(5) 将919小车开关由"试验"位置摇至"工作"位置；

(6) 检查919小车开关确在"工作"位置；

(7) 合上919电压互感器二次保护测量空气开关；

(8) 合上919电压互感器二次计量空气开关；

(9) 将电压互感器并列装置屏10kV电压互感器并列切换把手由"手动并列"改投"遥控控制"位置；

(10) 检查并列指示灯灭；

(11) 检查10kVⅠ母电压指示正常；

(12) 确认912间隔监控画面已调出；

(13) 拉开912断路器；

(14) 检查912断路器确在断开位置；

(15) 将母线备自投屏10kV备自投闭锁把手由"投入"改投"退出"位置。

第二章

设 备 巡 视

第一节 设备巡视的一般规定

设备巡视属于变电站日常工作之一，也是变电站值班员的一项基本技能。在设备巡视过程中，能够准确发现设备隐患，敏锐判断出设备异常，是衡量一位值班员是否合格的重要指标。通过及时汇报并做出正确处理，能够预防和减少事故的发生，从而保障变电站安全运行。

一、设备巡视的类型

设备巡视一般分为四种类型，分别是正常巡视（含交接班巡视）、全面巡视、熄灯巡视和特殊巡视。

（一）全面巡视

1. 巡视内容

全面巡视的内容主要是对设备全面的外部检查，对缺陷有无发展作出鉴定，检查设备的薄弱环节，检查防火、防小动物、防误闭锁等有无漏洞，检查接地网引线是否完好。

2. 巡视周期

有人值班变电站、集控站和运维站的基地站以及无人值班变电站每周全面巡视一次。

（二）熄灯巡视

1. 巡视内容

熄灯巡视的内容是检查设备有无电晕、放电、接头有无过热现象。

2. 巡视周期

有人值班变电站、集控站和运维站的基地站每周熄灯巡视一次；无人值班变电站每两周熄灯巡视一次。

（三）正常巡视

1. 巡视内容

有人值班变电站、集控站和运维站的基地站每日正常巡视三次。

2. 巡视周期

设备正常巡视规定（各单位根据本地区实际情况适当调整巡视时间）。

（1）正常巡视（9：00）。对一、二次设备按照巡视路线进行全面巡视，集控站、运维站应重点对变电站监控系统进行巡视。

（2）正常巡视（16：00）。对一次设备进行巡视。采取逆向巡视法，即巡视路线与正常路线反方向的方法。重点检查导引线弧垂是否正常、充油设备油位是否正常、有无渗漏油、加热设备运行是否正常、充气设备气压是否正常，气动机构放水检查。

（3）正常巡视（21：00）。重点检查设备接头有无发热、有无过负荷情况、主变风冷系统运行是否正常、对变电站进行安全保卫巡视。

（四）特殊巡视

特殊巡视检查的内容和时间一般有以下几种情况。

（1）异常情况下的巡视。主要是指：过负荷或负荷剧增、超温、设备发热、系统冲击、跳闸、有接地故障等情况时，应加强巡视，必要时，应派专人监视。

（2）负荷突然增加，检查接头部分有无发热，有无超过设备的额定值。

（3）设备过负荷或带较严重缺陷（如接头严重发热、设备有异音、缺油及在预试中发现较大的异常而不能及时消除等）的运行设备，应根据实际情况增加巡视次数。

（4）设备发生跳闸或运行异常时，应加强巡视。

（5）停电检修，试验完毕恢复送电的设备，送电前应注意检查断路器机构和检修过的部位及保护压板的投、退位置是否正确。

（6）新投入、大修后、变动后的设备或事故后重新投入运行的设备，应全面检查和加强巡视，适当增加巡视次数。

（7）雷雨后，检查防雷设备情况及主建筑物、设备区、电缆沟有无积水，并记录避雷器动作次数和泄漏电流。

（8）大雾、冰雹、雨雪天气，检查设备瓷质部分有无损坏、闪络及二次回路的绝缘情况。

（9）大风前检查有无可能被风吹起危及设备安全的杂物，机构箱、户外端子箱及门窗是否关紧，导引线摆动情况，大风后检查场地有无吹落杂物，设备有无异常。

（10）寒冷天气，应检查站内防火、防寒、防小动物工作是否做好。

（11）设备缺陷近期有发展和法定节假日、上级通知有重要供电任务时，应加强相关设备的巡视。

特殊巡视前，如遇有恶劣气候，应进行危险点分析，制定防范措施。

二、设备巡视的方法

（1）观察法。通过仔细观察设备外观，及时发现可视缺陷。例如变形、变色、破损、污秽、渗漏油、闪络、表计指示不正常等。

（2）听嗅法。通过听觉判断设备运行声音是否正常；嗅闻空气中是否有烧焦味。

（3）仪器法。通过红外测温仪可以巡视检查设备温度；通过望远镜可以重点观察高处设备；通过遥视探头可以对变电站设备进行监视。

三、设备巡视的作业流程

1. 准备工作

（1）熟悉运行方式，掌握设备情况。

（2）巡视人员及工作分工。合理安排工作人员与其巡视内容。

1）人员要求。①通过《国家电网公司电力安全工作规程（变电部分）》考试合格。②取得电力行业高压电工作业特种操作证。③单独巡视高压设备的人员应经本单位批准允许，并且在巡视设备过程中不准进行其他工作，不准移开或越过遮栏。

2）人员分工。

① 值班负责人。

a. 对变电站运行巡视工作全面负责。

b. 组织运行巡视人员安全、高质、按期完成巡视工作。

c. 发现缺陷及异常时，准确判断类别和原因，及时汇报站长、上级和当值调度员，并做好记录。

② 巡视人员：至少一名副值及以上。

a. 严格按要求规定及作业指导书进行巡视。

b. 对巡视安全、质量、进度负责。

c. 发现缺陷及异常时，及时汇报巡视值班负责人，并做好记录。

（3）准备工器具与仪器仪表。安全帽、巡视钥匙、对讲机、应急灯、测温仪，根据需要可以准备雨衣、雨靴、绝缘靴、绝缘手套、望远镜、防毒面具或正压式呼吸器、气体检测仪等。

2. 设备巡视

按照《变电站巡视作业指导书》中规定的巡视要求进行巡视。

3. 发现缺陷的处理

（1）缺陷分类。

1）危急缺陷：设备或建筑物有直接威胁安全运行，需要立即处理的缺陷，随时可能造成设备损坏、人身伤亡、大面积停电或火灾等事故。

2）严重缺陷：对人身或设备安全有严重威胁，暂时尚能坚持运行，但需要尽快处理的缺陷。

3）一般缺陷：上述危急、严重缺陷以外的设备缺陷，指性质一般，情况较轻，对安全运行影响不大，可列入月度计划检修处理的缺陷。

（2）处理要求。

1）对于危急缺陷，当值值班负责人应立即汇报有关调度、站长及工区。在危急缺陷未得到处理前，运行人员应做好缺陷跟踪和采取防止事故扩大的措施。

2）对于严重缺陷，当值值班负责人应及时汇报有关调度、站长及工区。在严重缺陷消除前，运行人员应采取和危急缺陷同样的管理办法。

3）对于一般缺陷，当值值班负责人应及时汇报站长，及时上报工区。

4. 填写相关记录

设备巡视过程中发现缺陷，由站长或技术安全员对缺陷进行定性后，巡视完毕应及时将缺陷录入生产 MIS 系统，进入缺陷处理流程。

四、设备巡视的安全要求

（1）雷雨天气，需要巡视室外高压设备时，应穿绝缘靴，禁止靠近避雷针、避雷器。

（2）接触电压或跨步电压伤人。10kV、35kV 系统有接地信号时，不得进入故障点室内 4m、室外不得接近故障点 8m。

（3）为防止意外触电，巡视过程中：严禁打开固定遮栏引起触电；保持相应的安全距离（35kV：1.00m；110kV：1.50m；220kV：3.00m）。

（4）为防止摔伤、撞伤，应注意踏空标志，必须正确佩戴安全帽。

（5）为防止发生气体中毒事故：进入 SF$_6$ 设备室前，应先进行 15min 通风；SF$_6$ 设备泄压时不得站在下风口操作，接近泄漏处戴防毒面具；进入蓄电池室应提前通风；进入电缆沟通道巡视前，应先打开沟盖板进行通风后再进入。

（6）误碰二次设备，可能会造成设备误动的严重后果。因此在设备巡视过程中，不得触摸端子排、不得操作设备控制回路开关、不得用手触摸跳、合闸等操作按钮。

（7）值班负责人了解巡视人员的精神状态（如酗酒、熬夜、情绪不稳定），必要时向站长汇报，进行人员调整。

（8）巡视设备禁止干与巡视无关的工作，禁止变更检修现场安全措施，禁止改变检修设备状态。

（9）在继电室不得使用无线移动通信工具（包括手机），防止造成保护及自动装置误动。

（10）火灾、地震、台风、冰雪、洪水、泥石流、沙尘暴等灾害发生时禁止巡视灾害现场。灾害发生后，如需要对设备进行巡视时，进行危险点分析，制定防范措施，得到设备运维管理单位批准，并至少两人一组，巡视人员应与派出部门之间保持通信联络。

第二节　变压器巡视

一、油浸式变压器的例行巡视

（一）本体及套管

主变外观如图 2-1 所示。

（1）各部位应无渗油、漏油。

（2）阀门的"开闭"状态符合运行要求，必须与"变压器运行状态提示图"一致，各种连接、接口、滤油机进油及回油等阀门在常开状态，滤油、放油、放气塞、取油样等阀门在常闭状态，阀门"开闭"状态的指示清晰。

（3）进水受潮，特别是变压器顶部和容易形成负压区的部位（如潜油泵入口及出口法兰处，容易造成变压器进水受潮和轻瓦斯有气而发信）。

图 2-1　油浸式主变压器

（4）释放阀无渗油、漏油，标示信号杆未弹出，无动作指示。

（5）外部引线的伸缩条及其热胀冷缩性能。

（6）变压器正常运行时应发出均匀的"嗡嗡"声响，无尖锐的异响、无杂音、放电声、爆裂声、水沸腾声。

（7）油位指示清晰（如图 2-2 所示），在油窗上下限之间，套管外部清洁；无破损裂纹（如图 2-3 所示，为套管绝缘子裂纹）、无严重油污、无放电痕迹及其他异常现象。

图 2-2　油位指示偏低　　　图 2-3　套管绝缘子裂纹示意图

（8）套管末屏接地牢固，无异音或放电声。

（9）RTV 涂层不应有破裂、起皱、鼓泡、脱落现象，均压环完整、牢固，无异常可见电晕。

（10）相序漆清晰，无脱落、变色。

（二）分接开关

变压器有载调压机构箱如图 2-4 所示。

（1）有载分接开关的分接位置及电源指示应正常，如图 2-5 所示。操作机构中机械指示器与控制室内分接开关位置指示应一致，三相连动的应确保分接开关位置指示应一致，分接位置测控屏显示如图 2-6 所示。

图 2-4　有载调压机构箱示意图

图 2-5　有载分接开关的分接位置及电源指示

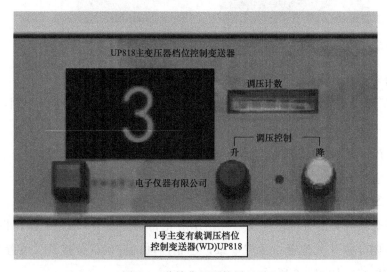

图 2-6　分接位置测控屏显示

（2）对于并列运行的变压器或单相变压器组，还应检查各调压分头的位置一致，分头位置在分接变换指示器规定范围内。

（3）调压控制箱内各把手、开关、信号指示灯等运行正常；机构部件无锈蚀，封堵严密，接地牢固，标识清晰，内部清洁，无异常气味、无结露，驱潮加热装置能根据环境温度变化，按照规定投退。

（三）冷却系统

主变风冷装置如图 2-7 所示。

图 2-7　主变风冷装置

（1）冷却器、风扇及油泵均应编号，标志清楚、明显，风扇转动方向正确；正常运行时冷却器投入组数应按照制造厂的规定，按温度和负载投切冷却器的自动装置应保持正常。在空载和轻载时，不宜投入过多的"工作"冷却器。

（2）油泵手感温度相近，风扇电动机声响平稳均匀，无其他金属碰撞声，无过热现象，风扇叶片无抖动碰壳现象。

（3）各连接管路及冷却器本体无渗漏油现象。

（4）油泵、风扇电动机运转正常，电缆安装牢固无破损。

（5）运行中油流继电器指示在"流动"位置，阀门打开，指示无强烈抖动。

（6）冷却装置滤网无堵塞物，通风畅通。

（7）风扇能按照定值要求随温度及负荷启动投入运行。

（四）非电量保护装置

（1）气体继电器。气体继电器油窗清晰，内部应无气体；继电器本体和集气盒管路无渗漏油痕迹，气体继电器防雨罩安装牢固。气体继电器如图 2-8 所示。

（2）压力释放装置。压力释放阀、安全气道及防爆膜应完好无损；压力释放阀的标示信号杆未弹出，无喷油痕迹。

（五）储油柜

变压器储油柜如图 2-9 所示。

图 2-8　气体继电器　　　　　　　　图 2-9　储油柜

（1）油温及油位。采用玻璃管作油位计，储油柜上标有油位监视线，分别表示环境温度为−20℃、+20℃、+40℃时变压器对应的油位；如采用磁针式油位计时（如图 2-10 所示），在不同环境温度下指针应停留的位置，由制造厂提供的曲线确定，如图 2-11 所示。

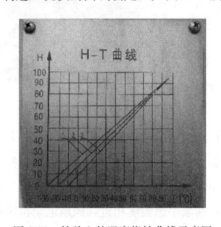

图 2-10　主变本体储油柜磁针式油位计　　图 2-11　铭牌上的温度指针曲线示意图

（2）温度表指示检查变压器上层油温正常，变压器冷却方式不同，其上层油温或温升亦不同。运维人员不只是以上层油温不超过规定为依据，而应该根据当时的负荷情况、环境温度以及冷却装置投入等情况及历史数据进行综合判断，提前预警可能的异常，就地与远方油温指示应基本一致，绕组温度仅作参考。主变油温表如图 2-12 所示。

（3）在油温 40℃左右时，油流的带电倾向性最大，因此变压器可通过控制油泵运行数量来尽量避免变压器绝缘油运行在 35～45℃温度区域。

（4）油温表与遥测油温显示，误差不大于 5℃；温度表中的红色（黑色）拖针指示为达到的最高温度。

（六）吸湿器

变压器吸湿器如图 2-13 所示。

（1）吸湿器外壳及玻璃罩无裂纹及破损现象，安装牢固。

（2）吸湿器中的底部硅胶受潮变色不超过 2/3，上部硅胶无变色。

图 2-12　主变油温表

图 2-13　变压器吸湿器

（3）运行中油封杯内油色发黄，下部油封杯内油位在上下限之间。

（4）运行中储油柜胶袋、隔膜中的空气应通过吸湿器与外部空气交换，吸湿器中硅胶变色，油封杯中气泡翻动；在油位温度上升期间，吸湿器呼出空气，内杯内没有油（或油位低于外杯油面）且在外杯内产生气泡；在油位温度下降期间，吸湿器吸入空气，油封杯的内杯油面会高于外杯油面，而且出现涌动现象。

（5）在巡视中如发现某个吸湿器长期没有呼、吸现象，那就预示着储油柜内的油囊或油路联通管路有异常情况，可能发生的情况有两种：一是呼吸通道堵塞，二是油囊破损漏油。

图 2-14　主变套管及引接线

（七）引接线

变压器套管及引接线如图 2-14 所示。

（1）引线、电缆、母线接头应接触良好，接头无发热迹象。

（2）引出线绝缘护套安装牢固，无破损。

（八）在线滤油装置及监测装置

（1）在线滤油装置工作方式及电源指示应正常；在线滤油装置安装牢固，电源投入，无渗漏油、异常音响及信号。

（2）在线监测装置接线牢固，无异常音响及信号。

（九）控制箱及端子箱

变压器本体端子箱及风冷控制箱如图 2-15、图 2-16 所示。

各类把手、指示、灯光、信号应正常、标识齐全。控制箱和二次端子箱、机构箱门应关严，无受潮，电缆孔洞封堵完好，温控装置工作正常。

（十）指示、 灯光、 信号

各类指示、灯光、信号应正常。

图 2-15　主变端子箱　　　　　图 2-16　主变风冷控制箱

（十一）接地

变压器本体接地情况如图 2-17 所示。

图 2-17　主变接地线

图 2-18　变压器铁芯
接地线生锈

（1）检查变压器各部件的接地应完好，检查变压器铁芯接地线和外壳接地线应良好，铁芯、夹件通过小套管引出接地的变压器，应将接地引线引至适当位置，以便在运行中监测接地线中是否有环流，当运行中环流异常增长，应尽快查明原因，严重时应立即处理并采取措施。

（2）接地用的螺栓、扁铁、铜带无松动和破损，无锈蚀、脱焊现象。

（3）黄绿相间的接地标识清晰，无脱落、无变色。变压器铁芯接地线生锈如图 2-18 所示。

二、全面巡视

全面巡视在例行巡视的基础上增加以下项目。

(1) 消防设施应齐全完好。

(2) 储油池和排油设施应保持良好状态。

(3) 各部位的接地应完好。

(4) 冷却系统各信号正确。

(5) 在线监测装置应保持良好状态。

(6) 抄录主变油温及油位。

三、熄灯巡视

夜间熄灯检查导线、铜、铝排及线夹各部位有无发红、电晕或放电现象等。

四、特殊巡视

（一）新投入或者大修后

(1) 检查变压器有无异响。正常声音为均匀的"嗡嗡"声，如发现响声特别大且不均匀或有放电声，应判断为变压器内部有故障。运行值班人员应立即分析并汇报，请有关人员鉴定。必要时将变压器停下来做试验或吊芯检查。

(2) 检查变压器油位指示是否正常。包括变压器本体、有载调压、调压套管等油位。如发现假油位应及时按以下几点查明原因。

1) 油标管堵塞。

2) 吸湿器堵塞。

3) 安全气道气孔堵塞。

4) 薄膜保护或储油柜在加油时未将空气排尽。

(3) 检查变压器温度是否正常。对变压器进行红外测温，判断散热器温度是否正常，以证实各排管阀门是否均已打开；各部位温度应基本一致，无局部发热现象，变压器带负荷后油温应缓慢上升。

(4) 检查变压器运行参数是否正常。监视负荷变化，三相表计应基本一致，导线连接点应不发热。

(5) 检查变压器压力是否正常。防爆玻璃应完整，且无异常信号。

(6) 检查变压器瓷套应无放电、打火现象。

(7) 气体继电器应充满油。

(8) 各部位应无渗漏油。

(9) 冷却器油泵、风扇运转应良好，无异常信号。

(10) 有载调压变压器有载调压装置的储油柜油位应正常，外部密封应无渗漏，控制箱防尘良好。有载调压装置的气体保护应接入跳闸。

（二）异常天气

（1）气温突变。

1）检查变压器油温，并根据情况及时投切冷却器。

2）检查变压器油位指标是否发生明显变化，确保各部位无渗漏油现象。

3）引线、电缆、母线接头应接触良好，无发热迹象。

（2）雷雨。

1）变压器瓷质套管无放电痕迹及破裂现象。

2）雷雨天气需要巡视高压设备时，应穿绝缘靴，并不得靠近避雷器和避雷针。

3）主变油池无积水。

（3）冰雹。变压器瓷质套管无破损现象。

（4）大雾。主变瓷质套管无沿面闪络和放电，重点监视污秽绝缘子部分。

（5）冰雪。

1）根据积雪融化情况，检查引线、电缆、母线接头等，是否存在发热部位。

2）检查主变瓷质套绝缘部分积雪结冰情况，并及时清理过多的积雪和冰柱。

（6）大风。

1）检查主变是否有搭挂物。

2）检查引线、电缆、母线接头有无异常情况。

3）检查主变端子箱、风冷控制箱、有载调压机构箱等箱门是否已关闭好。

（三）过负荷运行

（1）检查冷却器是否全部正常投入运行。

（2）监视油温和油位变化。

（3）监视变压器有无异常声响。

（4）检查变压器引线、电缆、母线接头温度及变化情况，有无发红发热现象。

（5）做好异常情况记录，及时汇报调度。

（四）故障跳闸后

（1）检查变压器本体、套管、引线、接头等部位有无异常现象。

（2）检查压力释放装置是否动作。

（3）两台主变并列运行时，当一台主变故障跳闸后，应对另一台主变的运行情况进行监视。

（五）将变压器停止运行

（1）声音很不均匀或有爆裂声。

（2）漏油致使油面低于有位指示下限，并继续下降。

（3）储油柜或防爆管喷油。

（4）正常条件下温度过高，并不断上升。

（5）油色过深，油内有碳质。油色谱主要数据严重超标。

（6）套管有严重裂纹和放电现象。

（7）强迫油循环风冷变压器冷却器故障后，变压器上层油温达到75℃时，或变压器上层由温度未达到75℃时，允许运行1h，1h后应退出运行。

第三节 断路器巡视

一、例行巡视

（一）SF$_6$断路器例行巡视

SF$_6$断路器示意图如图2-19所示。

1. 设备标识

（1）设备名称、调度编号清晰，无损坏。

（2）相序清晰，无脱落、变色。

（3）外观无脏污、锈蚀、起皮掉色。

2. 套管、绝缘子

（1）法兰连接牢固，无松动裂纹。

（2）瓷质部分清洁，无断裂、裂纹、损伤、放电现象，断路器绝缘子破损如图2-20所示。

（3）RTV涂层不应有破裂、起皱、鼓泡、脱落现象。

（4）均压环完整、牢固，无可见电晕。

图 2-19　SF$_6$断路器　　　　　　图 2-20　断路器绝缘子破损

3. 断路器状态

（1）分、合闸位置指示器与实际运行方式相符，位置指示颜色清晰，如图2-21所示。

（2）实际分、合位置与机械位置、监控机及五防系统电气指示相一致，位置信号颜色显示正确。

（3）检查核对开关操作次数。

4. 主导流部分

（1）软连接及各导流压接点无过热及变色发红现象。

（2）引线无断股、松股、过紧、过松现象，无烧伤痕迹。

（3）线夹无发热、裂纹。

（4）内部无噪声和放电声。

5. SF₆ 气体压力表或密度表

（1）表计无破损，无渗漏，防雨罩安装牢固。各个气室压力数值与额定值相比无明显变化，如发生明显变化时应记录压力值，并跟踪检查压力数值（气体压力表指示在标有明显的压力上、下限之间），如图 2-22 所示。

图 2-21　断路器分合闸位置指示　　图 2-22　SF₆ 气体压力降低

（2）检查环境温度，如温度下降超过允许范围，应启用加热器，以防 SF₆ 气体液化。

（3）各气体通道、连接头无漏气声、振动声及异味，固定牢固，管道上无杂物。

6. 机构箱、端子箱

（1）控制、电源小开关、压板投入位置正确，断路器及隔离开关"远方/当地"把手至于"远方"位置，无异常信号发出，二次标识清晰；控制、电源小开关、压板名称标志齐全，各元件完好，照明指示灯能正常投入。

（2）孔洞封堵严密，箱门开启灵活、关闭严密，无变形锈蚀，接地牢固。

（3）内部清洁，无异常气味、无结露。

（4）交、直流小母线标示清晰明确。

（5）继电器外壳完整、安装牢固，二次线无松脱及发热现象。

（6）驱潮加热装置能根据环境温度变化按照规定投退。

7. 各连杆、传动机构

各连杆、传动机构无弯曲、变形、锈蚀，轴销齐全。

8. 接地

（1）螺栓压接紧密，无锈蚀、脱焊。

（2）黄绿相间的接地标识清晰，无脱落、变色。如图 2-23 所示为生锈后的接地线。

9. 基础

无下沉、倾斜、移位，铁件无锈蚀、脱焊。

10. 控制、信号电源

控制、信号电源投入，无异常信号发出。

（二）真空断路器例行巡视

真空断路器外形侧视图如图 2-24 所示。

图 2-23　设备接地线生锈　　　　图 2-24　真空断路器外形侧视图

1. 设备标识

（1）设备名称、调度编号清晰，无损坏。

（2）相序清晰，无脱落、变色。

（3）外观无脏污、锈蚀、起皮掉色。

2. 灭弧室

无放电、无异音或放电声、无破损、无变色。

3. 绝缘子

（1）法兰连接牢固，无松动裂纹。

（2）瓷质部分清洁，无断裂、裂纹、损伤、放电现象。

（3）RTV 涂层不应有破裂、起皱、鼓泡、脱落现象。

（4）均压环完整、牢固，无可见电晕。

4. 绝缘拉杆

绝缘拉杆完好、无裂纹。

5. 各连杆、转轴、拐臂

各连杆、转轴、拐臂无裂纹、变形、锈蚀，轴销齐全。

6. 引线连接部位

（1）软连接及各导流压接点无过热及变色发红现象。

（2）引线无断股、松股、过紧、过松现象，无烧伤痕迹。

（3）线夹无发热、裂纹。

7. 位置指示器

（1）分、合闸位置指示器与实际运行方式相符，分、合闸位置指示颜色清晰。

（2）实际分、合位置与机械位置、监控机及五防系统电气指示相一致，位置信号颜色显示正确。

（3）检查核对开关操作次数。

8. 机构箱、端子箱

（1）控制、电源小开关、压板投入位置正确，断路器及隔离开关"远方/当地"把手至于"远方"位置，无异常信号发出，二次标识清晰。

（2）控制、电源小开关、压板名称标志齐全，各元件完好，照明指示灯能正常投入；孔洞封堵严密，箱门开启灵活、关闭严密，无变形锈蚀，接地牢固。

（3）内部清洁，无异常气味、无结露；交、直流小母线标示清晰明确。

（4）继电器外壳完整、安装牢固，二次线无松脱及发热现象。

（5）驱潮加热装置能根据环境温度变化按照规定投退。

9. 接地

（1）螺栓压接紧密，无锈蚀、脱焊。

（2）黄绿相间的接地标识清晰，无脱落、变色。

10. 基础

无下沉、倾斜、移位，铁件无锈蚀、脱焊。

（三）液压操动机构例行巡视

断路器液压机构外形如图 2-25 所示。

图 2-25　液压操动机构外形

1. 机构箱

（1）箱门开启灵活、关闭严密，无变形锈蚀，接地牢固，照明指示灯能正常投入。

（2）箱门观察窗玻璃完好清洁。

（3）二次接线及端子排牢固无松动及发热现象。孔洞封堵严密，内部清洁，无异味、无结露、无异音或放电声。

（4）"远方/当地"切换手把置于"远方"位置。

2. 计数器

动作正确并检查动作次数。

3. 储能电源开关

投入位置正确（小刀闸应有防脱落开断措施）。

4. 机构压力

压力表数值在停泵与启动泵额定值范围之内，气体压力无报警。如图2-26所示。

图2-26 液压操动机构压力表

5. 油箱油位

在油标管上下限之间，无渗（漏）油。

6. 油管及接头

高、低压油管颜色区分清晰，固定牢固，管道上无杂物，油管、连接头无渗油。

7. 油泵

电动机电源回路无断线、缺相，无过热、无渗漏油，检查油泵启动次数在规定范围内。

8. 行程开关

无卡涩、变形，接线牢固。

9. 活塞杆、工作缸

无渗漏，活塞杆行程位置与压力值相符。

10. 加热器（除潮器）

驱潮加热装置能根据环境温度变化按照规定投退。

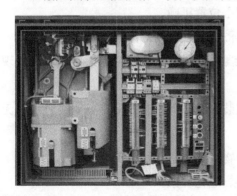

图2-27 弹簧操动机构

（四）弹簧操动机构例行巡视

断路器弹簧操动机构示意图如图2-27所示。

1. 机构箱

（1）箱门开启灵活、关闭严密，无变形锈蚀，接地牢固，照明指示灯能正常投入。

（2）箱门观察窗玻璃完整清洁。

（3）孔洞封堵严密，内部清洁，无异味、无凝露、无异音或放电声。

（4）"远方/当地"切换手把置于"远方"位置。

（5）雨后机构箱内无渗水。

2. 储能电源开关

空气开关投入位置正确。

3. 储能电机

外观检查正常。

4. 分、合闸线圈

接线牢固，无冒烟、异味、变色。

5. 弹簧

弹簧正常完好，分闸状态时合闸弹簧已储能。

6. 二次接线

二次接线及端子排牢固无松动、断股及发热现象。

7. 加热器（除潮器）

驱潮加热装置能根据环境温度变化按照规定投退。

8. 储能指示器

指示颜色清晰，位置正确。

二、全面巡视

全面巡视是在例行巡视基础上增加以下巡视项目，并抄录 SF_6 气体压力、液压（气动）操动机构压力、断路器动作次数、操动机构电机动作次数等运行数据。

（1）断路器动作计数器指示正常。

（2）气动操动机构空气压缩机运转正常、无异声，油位、油色正常；气水分离器工作正常，无渗漏油、无锈蚀。

（3）液压操动机构油位正常，无渗漏，油泵及各储压元件无锈蚀。

（4）弹簧操动机构弹簧无锈蚀、裂纹或断裂。

（5）电磁操动机构合闸保险完好。

（6）SF_6 气体管道阀门及液压、气动操动机构管道阀门位置正确。

（7）指示灯正常，压板投退、远方/就地切换把手位置正确。

（8）空气开关位置正确，二次元件外观完好、标志、电缆标牌齐全清晰。

（9）端子排无锈蚀、裂纹、放电痕迹；二次接线无松动、脱落，绝缘无破损、老化现象；备用芯绝缘护套完备；电缆孔洞封堵完好。

（10）照明、加热驱潮装置工作正常。加热驱潮装置线缆的隔热护套完好，附近线缆无过热灼烧现象。加热驱潮装置投退正确。

（11）机构箱透气口滤网无破损，箱内清洁无异物，无凝露、积水现象。

（12）箱门开启灵活，关闭严密，密封条无脱落、老化现象。

（13）五防锁具无锈蚀、变形现象，锁具芯片无脱落损坏现象。

（14）高寒地区应检查罐式断路器罐体、气动机构及其联接管路加热带工作正常。

三、熄灯巡视

夜间熄灯检查导线、铜、铝排及线夹各部位有无发红、电晕或放电现象等。

四、特殊巡视

（一）新投入或者大修后

（1）检查断路器本体有无放电声，有无异响。

（2）对断路器进行红外测温，检查软连接及各导流压接点无过热及变色发红现象。

（3）检查 SF_6 气体压力表或密度表，显示压力数值与额定值相比有无明显变化。

（4）实际分、合位置与机械位置、监控机及五防系统电气指示相一致，位置信号、颜色显示正确。

（二）异常天气

（1）气温突变时，检查断路器引线接头部位无发热现象。

（2）雷雨天气后，巡视检查断路器瓷质套管无放电痕迹及破裂现象。雷雨天气需要巡视高压设备时，应穿绝缘靴，并不得靠近避雷器和避雷针。

（3）冰雹过后巡视断路器瓷质套管无破损现象。

（4）大雾时巡视检查断路器瓷质套管无沿面闪络和放电，重点监视污秽绝缘子部分。

（5）冰雪。

1）根据积雪融化情况检查断路器接头发热部位。

2）检查断路器瓷质套绝缘部分积雪结冰情况，并及时清理过多的积雪和冰柱。

（6）大风。

1）检查断路器是否有搭挂物。

2）断路器引线接头有无异常情况。

3）断路器操动机构箱门是否已关闭好。

（三）过载（高峰负荷）

（1）红外测温检查断路器引线接头的温度及变化情况，有无发红发热现象，有无异常声响。

（2）做好异常情况记录，及时汇报调度。

（四）故障跳闸后

（1）检查断路器机械位置、监控机及五防系统电气指示一致，显示分位，位置信号颜色为绿色。

（2）检查 SF_6 气体压力表或密度表，显示压力数值与额定值相比有无明显变化。

（3）检查断路器外观无异常。法兰连接牢固，无松动裂纹；瓷质部分清洁，无断裂、裂纹、损伤、放电现象；RTV 涂层不应有破裂、起皱、鼓泡、脱落现象；均压环完整、牢固。

第四节 隔离开关巡视

一、例行巡视

110kV隔离开关外形如图2-28所示。

（一）导电部分

触头接触良好，无过热、变色及移位等异常现象，动触头的偏斜不大于规定数值，接点压接良好，无过热现象，引线弛度适中。

（二）绝缘子

绝缘子清洁，无破裂，无损伤放电现象，防污闪措施完好。图2-29所示为110kV隔离开关绝缘子破损。

图2-28　110kV隔离开关　　　图2-29　隔离开关绝缘子破损

（三）传动部分

1. 连杆

连杆无弯曲，连接无松动、无锈蚀，开口销齐全。

2. 轴销

轴销无变位脱落、无锈蚀、润滑良好；金属部件无锈蚀、无鸟巢。

（四）基础部分

1. 法兰连接

法兰连接无裂痕，连接螺钉无松动、锈蚀、变形。

2. 接地

应有明显的接地点，且标志色醒目。螺栓压接良好，无锈蚀。接地线生锈、断裂如图2-30所示。

（五）操动机构

操动机构密封良好，无受潮。隔离开关操动机构箱如图2-31所示。

图 2-30　接地线生锈、断裂　　　　图 2-31　隔离开关操动机构箱

（六）其他

1. 标志牌

标志牌名称、编号齐全、完好。

2. 接地刀闸

（1）接地刀闸位置正确，弹簧无断股、闭锁良好，接地杆的高度不超过规定数值；接地引下线完整，可靠接地。

（2）机械闭锁装置。

（3）机械闭锁装置完好，齐全，无锈蚀变形。

二、全面巡视

全面巡视在例行巡视的基础上增加以下项目。

（1）隔离开关"远方/就地"切换把手、"电动/手动"切换把手位置正确。

（2）辅助开关外观完好，与传动杆连接可靠。

（3）空气开关、电动机、接触器、继电器、限位开关等元件外观完好。二次元件标识、电缆标牌齐全清晰。

（4）端子排无锈蚀、裂纹、放电痕迹；二次接线无松动、脱落，绝缘无破损、老化现象；备用芯绝缘护套完备；电缆孔洞封堵完好。

（5）照明、驱潮加热装置工作正常，加热器线缆的隔热护套完好，附近线缆无烧损现象。

（6）机构箱透气口滤网无破损，箱内清洁无异物，无凝露、积水现象。

（7）箱门开启灵活，关闭严密，密封条无脱落、老化现象，接地连接线完好。

（8）五防锁具无锈蚀、变形现象，锁具芯片无脱落损坏现象。

三、熄灯巡视

（1）夜间熄灯检查导线、铜、铝排及线夹各部位有无发红、电晕或放电现象等。

（2）检查绝缘子表面有无闪络、弧光等现象。

四、特殊巡视

（一）新投入或者大修后

（1）隔离开关绝缘表面应清洁，无污垢、破裂及机构损伤。

（2）隔离开关触头接触面接触良好，动触头的偏斜不大于规定数值，无接触不良等原因引起的放电现象。

（3）机械连锁、电气连锁、辅助开关的触点应无卡滞或传动不到位的现象。

（4）引线接头压接良好，螺钉拧紧，引线驰度适中。使用红外测温仪进行测温，无过热现象。

（二）异常天气

（1）气温突变。

1）隔离开关主导流部位、引线接头部位无发热现象。

2）隔离开关瓷质套管无放电痕迹及破裂现象。

3）雷雨天气需要巡视高压设备时，应穿绝缘靴，并不得靠近避雷器和避雷针。

（2）冰雹天气检查隔离开关瓷质套管无破损现象。

（3）大雾天气检查隔离开关瓷质套管无沿面闪络和放电，重点监视污秽绝缘子部分。

（4）冰雪。

1）根据积雪融化情况，检查隔离开关发热部位。

2）检查隔离开关瓷质套绝缘部分积雪结冰情况，并及时清理过多的积雪和冰柱。

（5）大风。

1）检查隔离开关及引线有无搭挂物，以及摆动情况。

2）检查引线是否舞动、扭伤、断股等异常情况。

3）隔离开关引线接头有无异常情况。

4）隔离开关操动机构箱门是否已关闭好。

（三）过载

（1）对隔离开关进行红外测温，检查隔离开关及引线，有无过热现象。

（2）做好异常情况记录，及时汇报调度。

（四）故障跳闸后

当隔离开关主导流部分及接线触头经过短路电流后，检查隔离开关引线接头有无熔断、连接部位有无接触不良，是否发生引线散股、变形等现象。

第五节　高压开关柜巡视

一、例行巡视

高压开关柜外形如图 2-32 所示。

1. 设备标识

（1）设备名称、调度编号清晰，无损坏。

（2）相序漆清晰，无脱落、变色。

2. 外观检查

（1）屏体表面整洁、无脏污、锈蚀、起皮掉色。

（2）无异音或放电声、无过热、无变形、无异常气味。

（3）屏体固定、接地牢固，锁具锁入。

（4）屏面观察窗玻璃完好清洁。

3. 操作方式切换开关

"远方/当地"切换把手至于"远方"位置。

4. 操作把手及闭锁

投入位置正确，无异常。

5. 高压带电显示装置

带电时三相带电指示灯应亮。

图 2-32　高压开关柜

6. 位置指示器

（1）分、合闸位置指示灯与实际运行方式相符。

（2）实际分、合位置与机械位置、监控机及五防系统电气指示相一致，位置信号颜色显示正确。储能指示灯的正常。

7. 电源小开关投入位置

电源小开关投入位置正确。

8. 机构

（1）绝缘护套安装牢固，箱门关闭严密。

（2）传动部分无裂纹、变形、锈蚀，轴销齐全，开口销子打开。

（3）开关二次接线、二次熔断器连接牢固，无发热及松动；照明指示灯能正常投入。

（4）驱潮加热装置能根据环境温度变化按照规定投退。

（5）电缆终端处的电缆名牌、相位清晰。

二、全面巡视

全面巡视在例行巡视的基础上增加以下项目。

（1）开关柜出厂铭牌齐全、清晰可识别，相序标识清晰可识别。

（2）开关柜面板上应有间隔单元的一次电气接线图，并与柜内实际一次接线一致。

（3）开关柜接地应牢固，封闭性能及防小动物设施应完好。

（4）开关柜控制仪表室巡视检查项目及要求。

1）表计、继电器工作正常，无异声、异味。

2）不带有温湿度控制器的驱潮装置小开关正常在合闸位置，驱潮装置附近温度应稍高于其他部位。

3）带有温湿度控制器的驱潮装置，温湿度控制器电源灯亮，根据温湿度控制器设定启动温度和湿度，检查加热器是否正常运行。

4）控制电源、储能电源、加热电源、电压小开关正常在合闸位置。

5）环路电源小开关除在分段点处断开外，其他柜均在合闸位置。

6）二次接线连接牢固，无断线、破损、变色现象。

7）二次接线穿柜部位封堵良好。

（5）有条件时，通过观察窗检查以下项目。

1）开关柜内部无异物。

2）支持绝缘子表面清洁、无裂纹、破损及放电痕迹。

3）引线接触良好，无松动、锈蚀、断裂现象。

4）绝缘护套表面完整，无变形、脱落、烧损。

5）油断路器、油浸式电压互感器等充油设备，油位在正常范围内，油色透明无炭黑等悬浮物，无渗、漏油现象。

6）检查开关柜内 SF_6 断路器气压是否正常，并抄录气压值。

7）试温蜡片（试温贴纸）变色情况及有无熔化。

8）隔离开关动、静触头接触良好；触头、触片无损伤、变色；压紧弹簧无锈蚀、断裂、变形。

9）断路器、隔离开关的传动连杆、拐臂无变形，连接无松动、锈蚀，开口销齐全；轴销无变位、脱落、锈蚀。

10）断路器、电压互感器、电流互感器、避雷器等设备外绝缘表面无脏污、受潮、裂纹、放电、粉蚀现象。

11）避雷器泄漏电流表电流值在正常范围内。

12）手车动、静触头接触良好，闭锁可靠。

13）开关柜内部二次线固定牢固、无脱落，无接头松脱、过热，引线断裂，外绝缘破损等现象。

14）柜内设备标识齐全、无脱落。

15）一次电缆进入柜内处封堵良好。

（6）检查遗留缺陷有无发展变化。

（7）根据开关柜的结构特点，在变电站现场运行专用规程中补充检查的其他项目。

三、熄灯巡视

夜间熄灯检查导线、铜、铝排及线夹各部位有无发红、电晕或放电现象等。

四、特殊巡视

（一）新投入或者大修后

(1) 检查开关柜本体有无放电声，有无异响。

(2) 实际分、合位置与机械位置、监控机及五防系统电气指示相一致，位置信号、颜色显示正确。断路器在分闸状态时，绿灯应亮，在合闸状态时，红灯应亮。

(3) 通过电缆小室窗口对开关柜进行红外测温，检查电缆接点温度是否正常。

（二）异常天气

(1) 气温突变。室内温度升高时，检查柜内是否出现过热现象，并及时对开关室进行通风散热。

(2) 雨天巡视开关时，排除电缆沟积水。

（三）过载

(1) 通过电缆小室窗口进行红外测温，检查电缆接点有无发红发热现象。

(2) 做好异常情况记录，及时汇报调度。

（四）故障跳闸后

(1) 断路器在分闸状态。机械位置、监控机及五防系统电气指示相一致，显示分位，绿灯亮。

(2) 跳闸开关柜本体有无异常，相邻开关柜有无异常，高压开关室内有无异常气味。

第六节　电压互感器巡视

一、例行巡视

电容式电压互感器如图 2-33 所示。

1. 设备标识

(1) 设备名称、调度编号清晰，无损坏。

(2) 相序标注清晰，无脱落、变色。

2. 本体

(1) 外绝缘清洁，无断裂、裂纹、损伤放电现象；图 2-34 所示为绝缘子有裂纹示意图。

(2) 防污闪措施完好，RTV 涂层不应有破裂、起皱、鼓泡、脱落现象；硅橡胶瓷裙黏合牢固，无破损；图 2-35 所示为绝缘子油污示意图。

(3) 金属部位无锈蚀，底座、支架牢固，无倾斜变形。

(4) 架构、遮栏、器身外涂漆层清洁、无爆皮掉漆。

(5) 正常运行时无响声，无异常震动及异味。

(6) 瓷套、底座、阀门和法兰等部位应无渗漏油现象。

(7) 均压环完整、牢固，无异常可见电晕。

图 2-33　电容式电压互感器　　　图 2-34　电压互感　　　图 2-35　电压互感器绝缘子
　　　　　　　　　　　　　　　　　器绝缘子裂纹　　　　　　　　油污示意图

（8）一次绕组接地端牢固，在线检测装置接线牢固。

（9）树脂浇注互感器外露铁芯无锈蚀，表面无积灰、粉蚀、开裂，无放电现象。

（10）复合绝缘套管表面清洁、完整、无裂纹、无放电痕迹、无老化迹象。

3. 油位及 SF$_6$ 压力表

（1）油色透明不发黑，油位指示冬季不低于油标的 1/3，夏季不高于油标的 4/5；如图 2-36 所示。

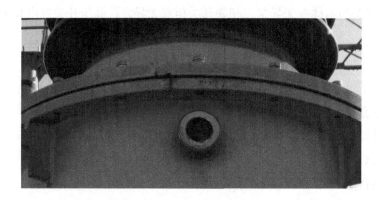

图 2-36　电压互感器油位指示

（2）压力表指示在绿色正常压力区，气压表玻璃无破损进水现象。

（3）金属膨胀器膨胀位置符合环境温度指示，无渗漏。

4. 主导流部分

（1）线夹无松动、发热或变色现象。

（2）引线无断股、无烧伤痕迹。

5. 端子箱

电压互感器端子箱外形如图 2-37 所示。

（1）二次空气开关、小刀闸位置正确，熔断器良好，安装牢固。

（2）二次接线名称齐全，引接线端子无松动、过热、打火现象，接地牢固可靠。

（3）孔洞封堵严密，箱门开启灵活、关闭严密。

（4）无变形锈蚀，接地牢固，标识清晰。

（5）内部清洁，无异常气味、无结露。

6. 在线监测装置

接线牢固，标识清晰，箱体严密。

图 2-37　电压互感器端子箱

7. 接地

（1）接地良好，无锈蚀、脱焊现象。

（2）黄绿相间的接地标识清晰，无脱落、变色。

8. 基础

无下沉、倾斜、移位，铁件无锈蚀、脱焊。

二、全面巡视

全面巡视在例行巡视的基础上，增加以下项目。

（1）端子箱内各二次空气开关、刀闸、切换把手、熔断器投退正确，二次接线名称齐全，引接线端子无松动、过热、打火现象，接地牢固可靠。

（2）端子箱内孔洞封堵严密，照明完好，电缆标牌齐全完整。

（3）端子箱门开启灵活、关闭严密，无变形、锈蚀，接地牢固，标识清晰。

（4）端子箱内内部清洁，无异常气味、无受潮凝露现象；驱潮加热装置运行正常，加热器按要求正确投退。

（5）检查 SF_6 密度继电器压力正常，记录 SF_6 气体压力值。

三、熄灯巡视

夜间熄灯检查导线、铜、铝排及线夹各部位有无发红、电晕或放电现象等。

四、特殊巡视

1. 异常天气

（1）气温突变。

1）油位是否发生明显变化，金属膨胀器膨胀位置符合环境温度指示，无渗漏；SF_6 压力表指示在绿色正常压力区。

2）运行时无响声，无异常震动及异味。

3）各连接部位无发热现象。

（2）雷雨。

1）瓷质套管无放电痕迹及破裂现象。

2）雷雨天气需要巡视高压设备时，应穿绝缘靴，并不得靠近避雷器和避雷针。

（3）冰雹后检查瓷质套管无破损现象。

（4）大雾时检查瓷质套管无沿面闪络和放电，重点监视污秽绝缘子部分。

（5）冰雪。

1）根据积雪融化情况检查引线接头发热部位。

2）检查绝缘子绝缘部分积雪结冰情况，并及时清理过多的积雪和冰柱。

（6）大风。

1）检查有无搭挂物，以及摆动情况。

2）引线接头有无异常情况。

3）互感器端子箱箱门是否已关闭好。

2. 故障跳闸后

巡视二次设备线路保护装置，液晶显示均为电压互感器断线。

第七节 电流互感器巡视

一、例行巡视

电流互感器外形如图 2-38 所示。

图 2-38 电流互感器

1. 设备标识

（1）设备名称、调度编号清晰，无损坏。

（2）相序标注清晰，无脱落、变色。

2. 本体

（1）外绝缘清洁，无断裂、裂纹、损伤放电现象。

（2）RTV 涂层不应有破裂、起皱、鼓泡、脱落现象，硅橡胶瓷裙黏合牢固，无破损。

（3）金属部位无锈蚀，底座、支架牢固，无倾斜变形。

（4）架构、遮栏、器身外涂漆层清洁、无爆皮掉漆。

（5）正常运行时无响声，无异常震动及异味。

（6）瓷套、底座、阀门和法兰等部位应无渗漏油现象。

（7）均压环完整、牢固，无异常可见电晕。

（8）树脂浇注互感器外露铁芯无锈蚀，表面无积灰、粉蚀、开裂，无放电现象。

（9）复合绝缘套管表面清洁、完整、无裂纹、无放电痕迹、无老化迹象。

3. 油位及 SF$_6$ 压力表

（1）油色透明不发黑，油位指示冬季不低于油标的 1/3，夏季不高于油标的 4/5，如图 2-39 所示。

（2）压力表指示在绿色正常压力区，气压表玻璃无破损进水现象。

（3）金属膨胀器膨胀位置符合环境温度指示，无渗漏。

4. 主导流部分

线夹无松动、发热或变色现象，引线无断股、无烧伤痕迹。图 2-40 为电流互感器引线线夹发热外观图。

线夹

图 2-39　电流互感器油位指示　　　　图 2-40　线夹发红发热

5. 端子箱

（1）二次接线名称标志齐全，引接线端子无松动、过热、打火现象，接地牢固可靠。

（2）孔洞封堵严密，箱门开启灵活、关闭严密，无变形锈蚀，接地牢固，标识清晰。

（3）内部清洁，无异常气味、无凝露。

6. 接地

（1）接地良好，无锈蚀、脱焊现象。

（2）黄绿相间的接地标识清晰，无脱落、变色。

7. 基础

无下沉、倾斜、移位，铁件无锈蚀、脱焊。

二、全面巡视

全面巡视在例行巡视的基础上，增加以下项目。

（1）端子箱内各空气开关投退正确，二次接线名称齐全，引接线端子无松动、过热、打火现象，接地牢固可靠。

（2）端子箱内孔洞封堵严密，照明完好；电缆标牌齐全、完整。

（3）端子箱门开启灵活、关闭严密，无变形锈蚀，接地牢固，标识清晰。

（4）端子箱内部清洁，无异常气味、无受潮凝露现象；驱潮加热装置运行正常，加热器按季节和要求正确投退。

（5）记录并核查 SF_6 气体压力值，应无明显变化。

三、熄灯巡视

夜间熄灯检查导线、铜、铝排及线夹各部位有无发红、电晕或放电现象等。

四、特殊巡视

1. 过载（大负荷）

（1）用红外测温设备检查引线触头的温度及变化情况是否正常。

（2）检查运行时有无响声，有无异常震动及异味。

（3）检查油位及 SF_6 压力表。金属膨胀器膨胀位置是否符合环境温度指示，且无渗漏；压力表指示是否在绿色正常压力区。

2. 异常天气

（1）气温突变。

1）油位是否发生明显变化，金属膨胀器膨胀位置符合环境温度指示，无渗漏；SF_6 压力表指示在绿色正常压力区。

2）运行时无响声，无异常振动及异味。

3）各连接部位无发热现象。

（2）雷雨。

1）瓷质套管无放电痕迹及破裂现象。

2）雷雨天气需要巡视高压设备时，应穿绝缘靴，并不得靠近避雷器和避雷针。

（3）冰雹后检查瓷质套管无破损现象。

（4）大雾时检查瓷质套管无沿面闪络和放电，重点监视污秽绝缘子部分。

（5）冰雪。

1）根据积雪融化情况检查引线接头发热部位。

2）检查绝缘子绝缘部分积雪结冰情况，并及时清理过多的积雪和冰柱。

（6）大风。

1）检查有无搭挂物，以及摆动情况。

2）引线接头有无异常情况。

3. 故障跳闸后

主导流部分及接线触头经过短路电流后，检查引线接头有无熔断、连接部位有无接触不良，是否发生引线散股、互感器外观变形等现象。

第八节　避雷器巡视

一、例行巡视

避雷器外形如图 2-41 所示。

1. 设备标识

（1）设备名称、调度编号清晰，无损坏。

（2）相序标注清晰，无脱落、变色。

2. 本体

（1）瓷质部分清洁，无裂纹、破损、无
放电现象，硅橡胶复合绝缘外套伞裙无破损
或变形。

（2）法兰连接牢固，无松动、裂纹、破损。

（3）正常运行时内部无响声，放电喷口
无鸟巢。

图 2-41　避雷器外形图

（4）RTV 涂层无破裂、起皱、鼓泡、脱落现象。

3. 导引线

（1）与避雷器、计数器连接的导线及接地下引线无烧伤痕迹或断股现象，引线弛度
适中。

（2）引线上端引线处密封严密，无破损、裂缝。

（3）均压环无倾斜、松动、变形、扭曲、锈蚀等现象，无异常可见电晕。

4. 计数器及在线监测装置

（1）在线监测装置密封严密，指示清晰，内部不进潮。

（2）检查记录放电计数器指示数是否有变化，内部不进潮，计数器如图 2-42 所示。

（3）泄漏电流表上小套管清洁、螺钉紧固。

（4）检查记录泄漏电流与初值数据比较不超过 1/3，三相横向数据比较不超过 25%。
避雷器泄漏电流过大显示如图 2-43 所示。

图 2-42　泄漏电流表及计数器

图 2-43　避雷器泄漏电流过大

5. 基础

（1）无下沉、倾斜、移位，铁件无锈蚀、脱焊。

（2）低式布置的避雷器，遮栏内无杂草。

6. 接地装置

（1）接地点连接牢固，无锈蚀、断裂脱焊现象。

（2）黄绿相间的接地标识清晰，无脱落、变色。

（3）避雷器有明显的接地引下线与地网可靠连接。

二、全面巡视

全面巡视在例行巡视的基础上增加以下项目：记录避雷器泄漏电流的指示值及放电计数器的指示数，并与历史数据进行比较。

三、熄灯巡视

夜间熄灯检查导线、铜、铝排及线夹各部位有无发红、电晕或放电现象等。

四、特殊巡视

1. 异常天气

（1）气温突变。

1）避雷器在线监测仪动作及指示情况无异常。

2）避雷器连接的导线及接地引下线无烧伤痕迹。

（2）大雾天气应检查瓷质部分有无放电现象，重点监视污秽绝缘子部分。

（3）冰雹后应检查瓷质部分有无损伤，计数器是否损坏。

（4）冰雪天气检查设备瓷质套绝缘部分积雪结冰情况，并及时清理过多的积雪和冰柱。

（5）大风。

1）检查避雷器、避雷针上有无搭挂物，以及摆动情况。

2）设备接头有无异常情况；引流线与避雷器之间连接是否良好，是否存在放电声音。

3）沙尘天气中还应检查避雷器外套是否存在放电现象，对于安装有泄漏电流在线监测装置的避雷器，检查泄漏电流变化情况。

2. 雷雨天气及系统发生过电压后

每次雷电活动后或系统发生过电压等异常情况后，应尽快进行特殊巡视，检查避雷器放电计数器的动作情况，检查瓷套与计数器外壳是否有裂纹或破损，与避雷器连接的导线及接地引下线有无烧伤痕迹。对于安装有泄漏电流在线监测装置的避雷器，检查泄漏电流变化情况。

雷雨天气需要巡视高压设备时，应穿绝缘靴，不得接近避雷器和避雷针，避雷器外套或引流线与避雷器间出现严重放电时，应远离避雷器进行检查。

第三章

典 型 事 故 处 理

第一节　事故处理的原则及要求

一、事故处理的原则

1. 事故处理的一般原则

（1）尽快限制事故的发展，消除事故的根源，解除对人身和设备的威胁。

（2）在处理事故时，应首先恢复站用电，尽量保证站用电源的安全运行和正常供电。

（3）尽可能保持正常设备继续运行，保证对用户的供电。

（4）尽快对已停电的用户恢复供电，优先恢复重要用户的供电，调整系统的运行方式，使其恢复正常运行。

2. 事故及异常处理的组织原则

（1）各级当班调度是事故处理的指挥人，当班值班负责人是异常及事故处理的现场领导，全体运行值班员应服从当值值班负责人统一分配和指挥。

（2）发生异常及事故时，运行值班员应坚守岗位、各负其责，正确执行当班调度和值班长的命令，发现异常时应仔细查找并及时向调度和值班长汇报。

（3）在交接班过程中发生故障时，应由交班人员负责处理事故，接班人在上值负责人的指挥下协助处理事故。

（4）事故处理时，非事故单位或其他非事故处理人员应立即离开主控室和事故现场，并不得占用通信电话。如果值班人员不能与值班调度员取得联系（所谓不能与值班调度员取得联系是指各种通信设备均失效，或值班调度员没有时间与值班人员联系），应按照有关规定进行处理，否则应尽可能与调度取得联系。

二、事故处理的要求

（1）迅速限制事故的发展，尽快消除事故根源并解除对人身和设备安全的威胁。

（2）用一切可能的方法保持对用户的正常供电，保证站用电源正常。

（3）迅速对已停电的用户恢复供电，对重要用户应优先恢复供电。

第二节　变电站变压器事故处理

一、横岭 220kV 变电站变压器事故处理

1. 1 号主变内部故障的处理（A 相故障）

（1）后台报文信息。

1）主变故障录波屏录波器启动动作；

2）1 号主变两套保护差动动作、非电量保护轻瓦斯、重瓦斯动作；

3）1 号主变 201、101、301 开关分闸；

4）35kV 备用电源备自投动作、35kV 母联 312 开关合闸。

（2）事故处理指南。

1）检查告警信息和保护动作信息，及时汇报调度；

2）切换主变中性点即合上 2 号主变中性点接地刀闸；

3）根据检查结果判断故障，查找故障点；

4）隔离故障设备。

（3）仿真处理结果。

1）检查 2 号主变三侧负荷；

2）合上 2 号主变 220kV 中性点 220 接地刀闸；

3）检查 220 接地刀闸确在合好位置；

4）合上 2 号主变 110kV 中性点 120 接地刀闸；

5）检查 120 接地刀闸确在合好位置；

6）检查 1 号主变保护屏 A、B、C 屏；

7）检查 1 号主变测控屏；

8）检查主变故障录波器屏；

9）检查 35kV 母线设备、母分备自投保护测控屏；

10）退出 35kV 备自投保护；

11）检查 201、101、301、312 断路器位置，1 号主变本体及气体继电器；

12）检查 301 断路器确在断开位置；

13）将 301 小车开关由"工作"位置摇至"试验"位置；

14）检查 301 小车开关确已试验；

15）拉开 3016 隔离开关；

16）检查 3016 隔离开关三相确已分闸；

17）检查 101 断路器确在断开位置；

18）拉开 1016 隔离开关；

19）检查 1016 隔离开关三相确已分闸；

20）拉开 1011 隔离开关；

21）检查 1011 隔离开关三相确已分闸；

22）检查电压切换指示Ⅰ母灯灭；

23）检查 201 断路器确在断开位置；

24）拉开 2016 隔离开关；

25）检查 2016 隔离开关三相确已分闸；

26）拉开 2011 隔离开关；

27）检查 2011 隔离开关三相确已分闸；

28）检查电压切换指示Ⅰ母灯灭（母差保护屏和主变保护屏）；

29）验明 3016 隔离开关主变侧三相没电；

30）合上 301617 接地刀闸；

31）检查 301617 接地刀闸三相确已合闸；

32）验明 1016 隔离开关变压器侧三相没电；

33）合上 101617 接地刀闸；

34）检查 101617 接地刀闸三相确已合闸；

35）验明 2016 隔离开关变压器侧三相没电；

36）合上 201617 接地刀闸；

37）检查 201617 接地刀闸三相确已合闸；

38）拉开 1 号主变 220kV 中性点 210 接地刀闸；

39）检查 1 号主变 220kV 中性点 210 接地刀闸确已分闸；

40）拉开 1 号主变 110kV 中性点 110 接地刀闸；

41）检查 1 号主变 110kV 中性点 110 接地刀闸确已分闸；

42）断开 201 断路器控制电源Ⅰ开关；

43）断开 201 断路器控制电源Ⅱ开关；

44）断开 101 断路器控制电源开关；

45）断开 301 断路器控制电源开关；

46）退出 1 号主变跳高压侧母联保护压板；

47）退出 1 号主变跳中压侧母联保护压板；

48）退出 1 号主变跳低压侧分段保护压板；

49）退出 1 号主变启动失灵相关压板；

50）在相关设备上悬挂相应的标识牌。

2. 2 号主变外部故障的处理（BC 相故障）

（1）后台报文信息。

1）主变故障录波屏录波器启动；

2）2号主变差动动作；

3）2号主变202、102、302开关分闸；

4）35kV备用电源备自投动作，35kV母联312开关合闸。

（2）事故处理指南。

1）检查告警信息和保护动作信息，及时汇报调度；

2）根据检查结果判断故障，查找故障点；

3）隔离故障设备。

（3）仿真处理结果。

1）检查1号主变三侧负荷；

2）检查2号主变保护屏A、B、C屏；

3）检查2号主变测控屏；

4）检查主变故障录波器屏；

5）检查35kV母线设备、母分备自投保护测控屏；

6）退出35kV备自投保护；

7）检查202、102、302、312断路器位置及2号主变差动范围所有一次设备，发现2号主变低压侧套管BC相短路；

8）检查302断路器确在断开位置；

9）将302小车开关由"工作"位置摇至"试验"位置；

10）检查302小车开关确已试验；

11）拉开3026隔离开关；

12）检查3026隔离开关三相确已分闸；

13）检查102断路器确在断开位置；

14）拉开1026隔离开关；

15）检查1026隔离开关三相确已分闸；

16）拉开1022隔离开关；

17）检查1022隔离开关三相确已分闸；

18）检查电压切换指示Ⅱ母灯亮；

19）检查202断路器确在断开位置；

20）拉开2026隔离开关；

21）检查2026隔离开关三相确已分闸；

22）拉开2022隔离开关；

23）检查2022隔离开关三相确已分闸；

24）检查电压切换指示Ⅱ母灯灭（母差保护屏和主变保护屏）；

25）验明 3026 隔离开关主变侧三相没电；

26）合上 302617 接地刀闸；

27）检查 302617 接地刀闸三相确已合闸；

28）验明 1026 隔离开关变压器侧三相没电；

29）合上 102617 接地刀闸；

30）检查 102617 接地刀闸三相确已合闸；

31）验明 2026 隔离开关变压器侧三相没电；

32）合上 202617 接地刀闸；

33）检查 202617 接地刀闸三相确已合闸；

34）断开 202 断路器控制电源 I 开关；

35）断开 202 断路器控制电源 II 开关；

36）断开 102 断路器控制电源开关；

37）断开 302 断路器控制电源开关；

38）退出 2 号主变跳高压侧母联保护压板；

39）退出 2 号主变跳中压侧母联保护压板；

40）退出 2 号主变跳低压侧分段保护压板；

41）退出 2 号主变启动失灵相关压板；

42）在相关设备的相应位置悬挂标识牌。

二、梅力 110kV 变电站变压器事故处理

1. 1 号主变内部匝间短路故障的处理

（1）后台报文信息。

1）1 号主变差动保护动作；

2）1 号主变本体重瓦斯动作；

3）110kV 武梅线 151 开关分闸；

4）1 号主变 35kV 侧 301 开关分闸；

5）1 号主变 10kV 侧 901 开关分闸；

6）10kV 1 号电容器欠压保护动作；

7）10kV 1 号电容器 914 开关分闸；

8）35kV 备自投装置备自投动作；

9）35kV 分段 312 开关合闸；

10）10kV 备自投装置备自投动作；

11）10kV 分段 912 开关合闸。

（2）事故处理指南。

1）检查告警信息和保护动作信息，及时汇报调度；

2）检查 35kV 和 10kV 分段开关在合好位置，退出备自投压板；

3）检查 2 号主变负荷情况；

4）根据检查结果判断故障；

5）隔离故障点，恢复非故障设备运行。

（3）仿真处理结果。

1）检查 2 号主变负荷情况；

2）检查 1 号主变保护屏主变保护、测控屏；

3）检查 1 号电容器保护测控屏；

4）检查母线备自投屏；

5）切换母线备自投屏 312 备自投闭锁把手至投入；

6）切换母线备自投屏 912 备自投闭锁把手至投入；

7）检查 151、301、901、914、312、912 断路器位置，检查 1 号主变本体及气体继电器；

8）检查 901 断路器确在断开位置；

9）将 901 手车开关由"工作"位置摇至"试验"位置；

10）检查 901 手车开关"试验"位置指示确已点亮；

11）检查 301 断路器确在断开位置；

12）拉开 3016 隔离开关；

13）检查 3016 隔离开关三相确已分闸；

14）拉开 3011 隔离开关；

15）检查 3011 隔离开关三相确已分闸；

16）检查 151 断路器确在断开位置；

17）拉开 1016 隔离开关；

18）检查 1016 隔离开关三相确已分闸；

19）检查 112 断路器确在分闸位置；

20）合上 151 断路器；

21）检查 151 断路器确在合好位置；

22）验明 1016 隔离开关主变侧三相没电；

23）合上 101617 接地刀闸；

24）检查 101617 接地刀闸三相确已合闸；

25）验明 3016 隔离开关主变侧三相没电；

26）合上 301617 接地刀闸；

27）检查 301617 接地刀闸三相确已合闸；

28）检查 901 带电显示器三相灯灭；

29）合上 901617 接地刀闸；

30）检查 901617 接地刀闸合闸指示确已点亮；

31）断开 312 断路器操作电源空气开关；

32）断开 912 断路器操作电源空气开关；

33）在相关设备位置上悬挂相应的标识牌。

2. 2 号主变外部 1026 隔离开关主变侧发生 AB 相间短路故障的处理

（1）后台报文信息。

1）2 号主变差动动作；

2）110kV 临梅线 152 开关分闸；

3）2 号主变 35kV 侧 302 开关分闸；

4）2 号主变 10kV 侧 902 手车开关分闸；

5）10kV 4 号电容器欠压保护动作；

6）10kV 4 号电容器 944 手车开关分闸；

7）35kV 备自投装置备自投动作；

8）35kV 分段 312 开关合闸；

9）10kV 备自投装置备自投动作；

10）10kV 分段 912 开关合闸。

（2）事故处理指南。

1）检查告警信息和保护动作信息，及时汇报调度；

2）检查 1 号主变负荷情况；

3）根据检查结果判断故障；

4）隔离故障点，恢复非故障设备运行。

（3）仿真处理结果。

1）检查 1 号主变负荷情况；

2）检查 2 号主变保护屏主变保护、测控屏，4 号电容器保护测控屏，检查母线备自投屏；

3）退出母线备自投屏 35kV 备自投闭锁把手；

4）退出母线备自投屏 10kV 备自投闭锁把手；

5）检查 152、302、902、944、312、912 断路器位置及 2 号主变三侧电流互感器之间一次设备；

6）检查 902 断路器确在断开位置；

7）将 902 手车开关由"工作"位置摇至"试验"位置；

8）检查 902 手车开关"试验"位置指示确已点亮；

9）检查 302 断路器确在断开位置；

10）拉开 3026 隔离开关；

11）检查 3026 隔离开关三相确已分闸；

12）拉开 3022 隔离开关；

13）检查 3022 隔离开关三相确已分闸；

14）检查 152 断路器确在断开位置；

15）拉开 1026 隔离开关；

16）检查 1026 隔离开关三相确已分闸；

17）合上 152 断路器；

18）检查 152 断路器确在合闸位置；

19）验明 1026 隔离开关主变侧三相没电；

20）合上 102617 接地刀闸；

21）检查 102617 接地刀闸三相确已合闸；

22）验明 3026 隔离开关主变侧三相没电；

23）合上 302617 接地刀闸；

24）检查 302617 接地刀闸三相确已合闸；

25）检查 902 手车开关带电显示器三相灯灭；

26）合上 9027 手车开关接地刀闸；

27）检查 902 手车开关接地刀闸合闸指示确已点亮；

28）断开 312 断路器操作电源空气开关；

29）断开 912 断路器操作电源空气开关；

30）在相关设备位置上悬挂相应的标识牌。

第三节　变电站线路故障处理

一、横岭 220kV 变电站线路故障处理

1. 220kV 横乾Ⅰ线 253 线路 A 相故障的处理

（1）后台报文信息。

1）220kV 录波屏录波器启动动作；

2）220kV 横乾Ⅰ线快速距离保护、工频变化量阻抗、分相差动、零序差动保护动作；

3）220kV 横乾Ⅰ线 253 开关 A 相分闸；

4）横乾Ⅰ线开关保护 PSL-631C 重合闸动作；

5）横乾Ⅰ线 253 开关 A 相合闸；

6）220kV 横乾Ⅰ线快速距离保护、工频变化量阻抗、分相差动、零序差动保护动作；

7）横乾Ⅰ线 253 开关 ABC 相分闸。

（2）事故处理指南。

1）检查告警信息及保护动作信息，及时汇报调度；

2）根据保护信息判断故障；

3）隔离故障设备。

（3）仿真处理结果。

1）检查横乾Ⅰ线 253 线路保护、测控屏、220kV 故障录波器屏；

2）检查横乾Ⅰ线 253 断路器情况及 253 电流互感器线路侧一次设备；

3）检查 253 开关三相确已断开；

4）拉开 2536 隔离开关；

5）检查 2536 隔离开关三相确已分闸；

6）拉开 2531 隔离开关；

7）检查 2531 隔离开关三相确已分闸；

8）检查电压切换指示Ⅰ母灯灭（线路保护和母差保护）；

9）验明 2536 隔离开关出线侧三相没电；

10）合上 253617 接地刀闸；

11）检查 253617 接地刀闸确已合闸；

12）断开 253 断路器操作电源空气开关Ⅰ、Ⅱ。

2. 110kV 外乔线 151 线路 B 相故障的处理（近区）

（1）后台报文信息。

1）110kV 录波屏录波器启动；

2）110kV 外乔线保护接地距离Ⅰ段、零序过电流Ⅰ段动作；

3）110kV 外乔线 151 开关分闸；

4）重合闸动作；

5）110kV 外乔线 151 开关合闸；

6）后加速动作；

7）151 开关分闸。

（2）事故处理指南。

1）检查告警信息及保护动作信息，及时汇报调度；

2）根据保护信息判断故障；

3）隔离故障设备。

（3）仿真处理结果。

1）检查外乔线 151 线路保护、测控屏、110kV 故障录波器屏；

2）检查外乔线 151 断路器情况及电流互感器线路侧一次设备；

3）检查 151 开关确已断开；

4）拉开 1516 隔离开关；

5）检查 1516 隔离开关确已分闸；

6）拉开 1511 隔离开关；

7）检查 1511 隔离开关确已分闸；

8）检查电压切换指示Ⅰ母灯灭；

9）在 1516 隔离开关出线侧三相验明无电；

10）合上 151617 接地刀闸；

11）检查 151617 接地刀闸确已合闸；

12）断开 151 断路器操作电源空气开关。

注：110kV 外乔线 151 线路 B 相故障的处理（远区），保护Ⅱ段动作切除故障，其他与近区故障相同。

3. 35kV 协陶线 351 线路 A 相故障的处理

（1）后台报文信息。35kVⅠ段母线接地动作。

（2）事故处理指南。

1）检查告警信息和母线电压，及时汇报调度；

2）根据告警信息判断故障；

3）隔离故障回路，保障完好回路运行。

（3）仿真处理结果。

1）检查 35kVⅠ母线 A 相电压为零，B 相、C 电压升高为线电压；

2）检查小电流接地选线装置报出协陶线 351 线路 A 相接地；

3）拉开 351 断路器；

4）检查 351 断路器确在分闸位置；

5）检查 35kVⅠ母线电压恢复正常；

6）将 351 小车开关由"工作"位置摇至"试验"位置；

7）检查 351 开关确已试验；

8）检查 35kV 协陶线 351 带电显示装置没电；

9）合上 351-0 接地刀闸；

10）检查 351-0 接地刀闸合位指示灯确已点亮；

11）断开 351 断路器操作电源空气开关。

4. 35kV 协陶线 351 线路 AB 相近区永久性故障的处理

（1）后台报文信息。

1）35kV 协陶线保护过流Ⅰ段动作、距离Ⅰ段动作；

2）35kV 协陶线 351 开关分闸。

（2）事故处理指南。

1）检查告警信息和母线电压，及时汇报调度；

2）根据告警信息判断故障；

3）隔离故障回路，保障完好回路运行。

（3）仿真处理结果。

1）检查协陶线 351 线路保护、测控屏；

2）检查协陶线 351 断路器位置及线路保护范围内站内一次设备情况；

3）检查 351 断路器确在分闸位置；

4）将 351 小车开关由"工作"位置摇至"试验"位置；

5）检查 351 小车开关确在"试验"位置；

6）检查 351 小车开关带电显示装置三相灯灭；

7）合上 351-0 接地刀闸；

8）检查 351-0 接地刀闸合位指示灯确已点亮；

9）断开 351 断路器操作电源空气开关。

5. 1 号站用变压器内部 AB 相故障的处理

（1）后台报文信息。

1）35kV 1 号站用变压器高压侧电流速断动作；

2）35kV 1 号站用变压器 316、401 开关分闸。

（2）事故处理指南。

1）检查告警信息和保护动作信息，及时汇报调度；

2）恢复站用电；

3）根据保护动作信息判断故障情况；

4）隔离故障站用变压器。

（3）仿真处理结果。

1）检查 1 号站用变压器 316、401 开关在分、三相电流为零；

2）检查 380V I 母电压为零；

3）合上 412 断路器，检查 380V I 母电压正常；

4）检查 1 号站用变压器保护、测控屏；

5）检查 1 号站用变压器、电流互感器及站用变压器相关一次设备情况；

6）检查 316 开关确已分；

7）将 316 小车开关摇至"试验"位置；

8）检查 316 小车开关确已试验；

9）检查 316 开关带电显示三相灯灭；

10）合上 316-0 接地刀闸；

11）检查 316-0 接地刀闸合位指示灯确已点亮；

12）在站用变压器高压侧验明无电；

13）在 1 号站用变压器高压侧装设接地线；

14）在站用变压器低压侧验明无电；

15）在 1 号站用变压器低压侧装设接地线；

16）断开 316 断路器操作电源空气开关。

6. 1 号电容器内部 AB 相故障的处理

（1）后台报文信息。

1）35kV 1 号电容器保护 CSC-221A 不平衡动作；

2）35kV 1 号电容器 314 开关分闸。

（2）事故处理指南。

1）检查告警信息及保护动作信息，及时汇报调度；

2）根据保护信息判断故障情况；

3）隔离故障，根据调度令恢复完好电容器运行，保证母线电压在合格范围内。

（3）仿真处理结果。

1）检查 1 号电容器保护、测控屏；

2）检查 1 号电容器外观情况；

3）检查 314 断路器在分闸位置；

4）拉开 3146 隔离开关；

5）检查 3146 隔离开关确已分闸；

6）将 314 小车开关由"工作"位置摇至"试验"位置；

7）检查 314 小车开关确在试验位置；

8）在 1 号电容器 3146 隔离开关电容器侧验明三相无电；

9）合上 314617 接地刀闸；

10）检查 314617 接地刀闸确已合闸；

11）断开 314 断路器操作电源空气开关。

7. 35kV 铁路线 362 线路故障开关拒动的处理

（1）后台报文信息。

1）35kV 铁路线过流Ⅰ段、距离Ⅰ段、过流Ⅱ段、距离Ⅱ段动作；

2）2 号主变两套低压复流动作；

3）2 号主变 302 开关分闸。

（2）事故处理指南。

1）检查告警信息和保护动作信息，及时汇报调度；

2）尽快恢复站用电；

3）根据保护动作信息判断故障情况；

4）隔离故障，尽快恢复失电用户的供电。

（3）仿真处理结果。

1）拉开 402 断路器，合上 412 断路器；

2）检查站用电系统 380V II 母线电压正常；

3）拉开 326 断路器；

4）检查铁路线 362 线路保护和测控屏；

5）检查 2 号主变保护和测控屏；

6）检查铁路线 362 断路器位置及线路保护范围内设备情况；

7）操作 35kV 开关柜铁路线 362 开关强制分合闸把手至分位；

8）检查 362 断路器确已分位；

9）将 362 小车开关由"工作"位置摇至"试验"位置；

10）检查 362 小车开关确已试验；

11）合上 302 断路器；

12）检查 302 断路器确在合闸位置；

13）检查 35kV II 母线电压正常；

14）合上 326 断路器；

15）检查 326 断路器确在合闸位置；

16）拉开 412 断路器，合上 402 断路器；

17）检查 380V II 母线指示正常；

18）检查 362 开关带电显示三相灯灭；

19）合上 362-0 接地刀闸；

20）检查 362-0 接地刀闸合位指示灯确已点亮；

21）断开 362 断路器操作电源空气开关；

22）断开 362 断路器储能电源空气开关；

23）取下 362 小车开关二次插件；

24）将 362 小车开关由"试验"位置拉至"检修"位置。

8. 110kV 外乔线 151 线路 AB 相间短路故障开关拒动的处理

（1）后台报文信息。

1）110kV 录波屏录波器启动；

2）110kV 外乔线保护相间距离 I 段、相间距离 II 段动作；

3）110kV 外乔线保护相间距离 III 段动作；

4）1 号主变中压复闭方向过流 I 段 1 时限动作；

5）2 号主变中压复闭方向过流 I 段 1 时限动作；

6）110kV 母联 112 开关分闸；

7）1 号主变中压复闭方向过流 I 段 2 时限动作；

8）1号主变110kV 101开关分闸。

（2）事故处理指南。

1）检查告警信息和保护动作信息，及时汇报调度；

2）根据保护动作信息，判断故障情况；

3）隔离故障设备，及时恢复失电用户的供电；

4）在隔离故障时注意验明无电，然后隔离。

（3）仿真处理结果。

1）合上2号主变中性点120接地刀闸；

2）检查120接地刀闸在合闸位置；

3）拉开153、155、157、159断路器；

4）检查151线路保护屏、测控屏；

5）检查1、2号主变保护屏、测控屏；

6）检查112断路器、101断路器确在分闸位置；

7）检查151断路器确在合闸位置、且三相电流为零；

8）在1516隔离开关线路侧验明三相无电；

9）拉开1516隔离开关；

10）检查1516隔离开关确在分闸位置；

11）在1511隔离开关断路器侧验明三相无电；

12）拉开1511隔离开关；

13）检查1511隔离开关确在分闸位置；

14）检查1511电压切换指示正常；

15）投入110kV母联充电保护屏母联充电保护投入压板（8LP4）；

16）合上112断路器；

17）检查112断路器确已合闸；

18）检查110kVⅠ母母线电压正常；

19）退出110kV母联充电保护屏母联充电保护投入压板（8LP4）；

20）合上159断路器并检查位置；

21）合上153断路器并检查位置；

22）合上155断路器并检查位置；

23）合上157断路器并检查位置；

24）合上101断路器并检查位置；

25）拉开2号主变中性点120接地刀闸；

26）检查120接地刀闸确在断开位置；

27）断开外乔线151线路电压互感器端子箱二次电压小开关ZKK至切断；

28）验明 1516 隔离开关出线侧三相没电；

29）合上 151617 接地刀闸；

30）检查 151617 接地刀闸三相确已合闸；

31）验明 1516 隔离开关电流互感器侧三相没电；

32）合上 15167 接地刀闸；

33）检查 15167 接地刀闸三相确已合闸；

34）验明 1511 隔离开关开关侧三相没电；

35）合上 15117 接地刀闸；

36）检查 15117 接地刀闸三相确已合闸；

37）断开 151 断路器电机电源空气开关；

38）断开 151 断路器控制电源空气开关。

9. 110kV 横富线 160 线路 A 相接地故障开关拒动的处理

（1）后台报文信息。

1）110kV 录波屏录波器启动动作；

2）110kV 横富线 160 线路接地距离Ⅰ段、接地距离Ⅱ段、零序过流Ⅱ段、接地距离Ⅲ段动作、零序过流Ⅲ段动作、零序过流Ⅳ段动作；

3）1 号主变中压零序方向过流Ⅰ段 1 时限动作；

4）110kV 母联 112 开关分闸；

5）2 号主变第一套保护 RCS-978 中压间隙动作；

6）2 号主变 202 开关、102 开关、302 开关分闸；

7）35kV 备用电源 CSC-246 装置备自投动作；

8）35kV 母联 312 开关合闸。

（2）事故处理指南。

1）检查告警信息和保护动作信息，及时汇报调度；

2）检查 1 号主变负荷情况；

3）根据保护动作信息判断故障情况；

4）隔离故障，尽快恢复失电用户的供电。

（3）仿真处理结果。

1）拉开 154、156、158、150 断路器；

2）检查 160 线路保护屏、测控屏以及故障录波屏；

3）检查 1 号和 2 号主变保护屏、测控屏；

4）检查 35kV 母线设备、母分备自投保护测控屏；

5）投入 35kV 母线设备、母分备自投保护测控屏备用电源闭锁切换开关（4QK）；

6）检查 160、112、202、102、302、312 断路器位置及 160 线路保护范围内设备情况；

7）验明 1606 隔离开关线路侧三相没电；

8）拉开 1606 隔离开关；

9）检查 1606 隔离开关确已分闸；

10）验明 1602 隔离开关断路器侧三相没电；

11）拉开 1602 隔离开关；

12）检查 1602 隔离开关确已分闸；

13）检查 1602 电压切换指示正常；

14）投入 110kV 母联充电保护屏充电投入压板（8LP4）；

15）合上 112 断路器；

16）检查 112 断路器确已合闸；

17）检查 110kV Ⅱ 母母线电压正常；

18）退出 110kV 母联充电保护屏充电投入压板（8LP4）；

19）合上 154 开关并检查位置；

20）合上 156 开关并检查位置；

21）合上 158 开关并检查位置；

22）合上 150 开关并检查位置；

23）合上 2 号主变 220kV 中性点 220 接地刀闸；

24）检查 220 接地刀闸确在合闸位置；

25）合上 2 号主变 110kV 中性点 120 接地刀闸；

26）检查 120 接地刀闸确在合闸位置；

27）合上 202 开关；

28）检查 202 开关在合闸位置；

29）合上 102 开关；

30）检查 102 开关在合闸位置；

31）合上 302 开关；

32）检查 302 开关在合闸位置；

33）拉开 2 号主变 220kV 中性点 220 接地刀闸；

34）检查 220 接地刀闸在分闸位置；

35）拉开 2 号主变 110kV 中性点 120 接地刀闸；

36）检查 120 接地刀闸在分闸位置；

37）拉开 312 开关；

38）检查 312 开关在分闸位置；

39）退出 35kV 测控屏备用电源闭锁切换开关（4QK）；

40）断开横富线电压互感器二次电压小开关 ZKK；

41）验明 1606 隔离开关出线侧三相没电；

42）合上 160617 接地刀闸；

43）检查 160617 接地刀闸三相确已合闸；

44）验明 1606 隔离开关电流互感器侧三相没电；

45）合上 16067 接地刀闸；

46）检查 16067 接地刀闸三相确已合闸；

47）验明 1602 隔离开关断路器侧三相没电；

48）合上 16017 接地刀闸；

49）检查 16017 接地刀闸三相确已合闸；

50）断开 160 开关电机电源空气开关；

51）断开 160 开关控制电源空气开关。

10. 220kV 半横Ⅰ线 251 线路单相故障开关拒动的处理

（1）后台报文信息。

1）220kV 录波屏录波器启动；

2）220kV 半横Ⅰ线快速距离保护、工频变化量阻抗、分相差动、零序差动动作；

3）220kV 半横Ⅰ线接地距离Ⅰ段动作；

4）220kV 母线第一套保护 BP-2B 失灵保护动作；

5）220kV 母联 212 开关 ABC 相-分闸；

6）1 号主变 220kV201 开关 ABC 相-分闸；

7）220kV 横乾Ⅰ线 253 开关 ABC 相-分闸；

8）220kV 横铁Ⅰ线 255 开关 ABC 相-分闸。

（2）事故处理指南。

1）检查告警信息和保护动作信息，及时汇报调度；

2）根据保护动作信息判断故障情况；

3）隔离故障设备，尽快恢复失电用户的供电。

（3）仿真处理结果。

1）合上 2 号主变 220kV 中性点 220 接地刀闸；

2）检查 220 接地刀闸在合闸位置；

3）检查半横Ⅰ线 251 两套线路保护屏、测控屏、故障录波屏；

4）检查 220kV 两套母线保护屏、测控屏；

5）检查 212、251、253、255、201 断路器位置及 251 线路保护范围内设备情况；

6）验明 2516 隔离开关出线侧三相没电；

7）拉开 2516 隔离开关；

8）检查 2516 隔离开关确已分闸；

9）验明 2511 隔离开关断路器侧三相没电；

10）拉开 2511 隔离开关；

11）检查 2511 隔离开关确已分闸；

12）检查 220kV Ⅰ 母电压切换指示正常；

13）投入 220kV 母联充电保护屏充电保护投入压板（8LP4）；

14）合上 212 断路器；

15）检查 212 断路器确已合闸；

16）检查 220kV Ⅱ 母母线电压正常；

17）退出 220kV 母联充电保护屏充电保护投入压板（8LP4）；

18）合上 255 断路器并检查位置；

19）合上 201 断路器并检查位置；

20）合上 253 断路器并检查位置；

21）拉开 2 号主变 220kV 中性点 220 接地刀闸；

22）检查 220 接地刀闸在分闸位置；

23）断开半横 Ⅰ 线电压互感器二次电压小开关 2ZKK；

24）验明 2516 隔离开关出线侧三相没电；

25）合上 251617 接地刀闸；

26）检查 251617 接地刀闸确已合闸；

27）验明 2516 隔离开关电流互感器侧三相没电；

28）合上 25167 接地刀闸；

29）检查 25167 接地刀闸确已合闸；

30）验明 2511 隔离开关开关侧三相没电；

31）合上 25117 接地刀闸；

32）检查 25117 接地刀闸确已合闸；

33）断开 251 断路器电机电源空气开关；

34）断开 251 断路器控制电源 Ⅰ、Ⅱ 空气开关。

二、梅力 110kV 变电站线路故障处理

1. 110kV 临梅线 152 线路 AB 相间短路故障的处理

（1）后台报文信息。

1）10kV 4 号电容器欠压保护动作；

2）10kV 4 号电容器 944 手车开关分闸；

3）110kV 备自投 CSC-246 装置备自投动作；

4）110kV 临梅线 152 开关分闸；

5）110kV 分段 112 开关合闸。

（2）事故处理指南。

1）检查告警信息和保护动作信息，及时汇报调度；

2）根据保护动作信息判断故障情况；

3）隔离故障，保障完好系统正常运行。

（3）仿真处理结果。

1）检查 10kV 4 号电容器 944、110kV 备自投屏；

2）退出母线备自投屏 110kV 备自投闭锁把手；

3）检查 944、152、112 断路器位置，检查 152 线路站内间隔一次设备；

4）检查 152 断路器确在分闸位置；

5）拉开 1526 刀闸；

6）检查 1526 刀闸三相确已分闸；

7）拉开 1522 刀闸；

8）检查 1522 刀闸三相确已分闸；

9）验明 1526 隔离开关出线侧三相没电；

10）合上 152617 接地刀闸；

11）检查 152617 接地刀闸三相确已合闸；

12）断开 152 断路器操作电源空气开关。

2. 梅力 110kV 变电站 35kV 梅 351 线线路相间近区永久性故障的处理

（1）后台报文信息。

1）35kV 梅 351 线装置过流Ⅰ段动作；

2）35kV 梅 351 线 351 开关分闸；

3）35kV 梅 351 线保护重合闸动作；

4）35kV 梅 351 线 351 开关合闸；

5）35kV 梅 351 线装置过流后加速动作；

6）35kV 梅 351 线 351 开关分闸。

（2）事故处理指南。

1）检查告警信息和保护动作信息，及时汇报调度；

2）根据保护动作信息判断故障情况；

3）隔离故障设备，保障完好回路运行。

（3）仿真处理结果。

1）检查梅 351 线保护测控屏；

2）检查 351 断路器位置及线路保护范围内站内一次设备；

3）检查 351 断路器确在分位；

4）拉开 3516 隔离开关；

5）检查 3516 隔离开关三相确已分闸；

6）拉开 3511 隔离开关；

7）检查 3511 刀闸三相确已分闸；

8）验明 3516 隔离开关出线侧三相没电；

9）合上 351617 接地刀闸；

10）检查 351617 接地刀闸三相确已合闸；

11）断开 351 断路器操作电源空气开关。

3. 梅力 110kV 变电站 35kV 梅 351 线线路相间远区永久性故障的处理

（1）后台报文信息。

1）35kV 梅 351 线装置过流Ⅱ段动作；

2）35kV 梅 351 线 351 开关分闸；

3）35kV 梅 351 线装置重合闸动作；

4）35kV 梅 351 线 351 开关合闸；

5）35kV 梅 351 线装置过流后加速动作；

6）35kV 梅 351 线 351 开关分闸。

（2）事故处理指南。同"梅力 110kV 变电站 35kV 梅 351 线线路相间近区永久性故障的处理"。

（3）仿真处理结果。同"梅力 110kV 变电站 35kV 梅 351 线线路相间近区永久性故障的处理"。

4. 梅力 110kV 变电站 10kV 梅 954 线线路单相接地的处理

（1）后台报文信息。10kVⅠ母接地动作。

（2）事故处理指南。

1）检查告警信息，及时汇报调度；

2）检查接地母线电压，判断故障情况；

3）查找故障设备，保障完好回路运行。

（3）仿真处理结果。

1）检查 10kVⅠ母电压，A 相电压为零，B、C 相电压升高，判断为系统单相接地故障；

2）试拉路查找故障回路（在拉路过程中要遵循拉路原则：由远及近、次要负荷、站外回路，最后为站内设备）；

3）拉开 954 断路器时，检查母线电压恢复正常，接地点即在 954 线路；

4）检查 954 断路器确在分闸位置；

5）将 954 手车开关由"工作"摇至"试验"位置；

6）检查 954 手车开关试验指示确已点亮；

7）检查 954 线带电显示三相灯灭；

8）合上954617接地刀闸；

9）检查954617地刀合闸指示确已点亮；

10）断开954断路器操作电源空气开关。

5. 梅力110kV变电站10kV梅958线线路全长近端发生AB相间短路瞬时性故障的处理

（1）后台报文信息。

1）10kV梅958线过流Ⅰ段动作；

2）10kV梅958线958开关分闸；

3）10kV梅958线重合闸动作；

4）10kV梅958线958开关合闸。

（2）事故处理指南。检查告警信息、保护动作信息、开关位置，及时汇报调度。

（3）仿真处理结果。

1）检查梅958线线路保护、测控屏；

2）检查梅958线958断路器位置；

3）检查梅959线线路保护范围内站内一次设备运行情况。

6. 梅力110kV变电站10kV梅959线线路远端处发生AB相间短路永久性故障的处理

（1）后台报文信息。

1）10kV梅959线过流Ⅱ段动作；

2）10kV梅959线959开关分闸；

3）10kV梅959线保护重合闸出口动作；

4）10kV梅959线959开关合闸；

5）10kV梅959线过流Ⅱ段动作；

6）10kV梅959线959手车分闸。

（2）事故处理指南。

1）检查告警信息和母线电压，及时汇报调度；

2）根据告警信息判断故障；

3）隔离故障回路，保障完好回路运行。

（3）仿真处理结果。

1）检查梅959线线路保护、测控屏；

2）检查梅959线959断路器位置及线路保护范围内站内一次设备情况；

3）检查959断路器确在分位；

4）将959手车开关由"工作"位置摇至"试验"位置；

5）检查959手车开关确在试验位置；

6）检查959手车开关带电显示装置三相灯灭；

7）合上959617接地刀闸；

8）检查 959617 接地刀闸合位指示灯确已点亮；

9）断开 959 断路器操作电源空气开关。

7. 梅力 110kV 变电站 10kV 1 号站用变压器故障的处理

（1）后台报文信息。

1）10kV 1 号站用变压器过流Ⅰ段动作；

2）10kV 1 号站用变压器 916 开关分闸；

3）1 号站用变压器 381 低压开关分闸；

4）站用电备自投装置备自投动作；

5）380V 母线分段 3812 开关合闸。

（2）事故处理指南。

1）检查告警信息和保护动作信息，及时向相关人员汇报；

2）根据保护动作信息判断故障情况；

3）隔离故障，保证站用系统安全运行。

（3）仿真处理结果。

1）检查 1 号站用变压器 916 保护测控屏；

2）检查开关刀闸（梅力站 381 开关）分闸和三相电流；

3）检查 3812 开关合闸、380VⅠ母线电压正常；

4）退出站用电备自投保护；

5）现场检查 916、381 断路器位置，检查 916 电流互感器至站用变压器一次设备；

6）检查 916 断路器确在断开位置；

7）将 916 手车开关由"工作"位置摇至"试验"位置；

8）检查 916 手车开关试验位置指示确已点亮；

9）检查 916 带电显示器三相灯灭；

10）合上 916617 接地刀闸；

11）检查 91617 地刀合闸指示确已点亮；

12）在 1 号站用变压器高压侧验明三相无电；

13）在 1 号站用变压器高压侧（916DX1）装设接地线一组；

14）在 1 号站用变压器低压侧验明三相确无电压；

15）在 1 号站用变压器低压侧（916DX2）装设接地线一组；

16）断开 916 小车开关操作电源空开。

8. 10kV 1 号电容器外部 AB 相间短路故障的处理

（1）后台报文信息。

1）10kV 1 号电容器过流Ⅰ段动作；

2）10kV 1 号电容器 914 开关分闸。

（2）事故处理指南。

1）检查告警信息和保护动作信息，及时汇报调度；

2）根据保护动作信息判断故障情况；

3）隔离故障，维持母线电压水平。

（3）仿真处理结果。

1）检查1号电容器914保护测控屏；

2）检查914断路器位置，检查914电流互感器至1号电容器一次设备；

3）检查914断路器确在断开位置；

4）将914手车开关由"工作"位置摇至"试验"位置；

5）检查914手车开关试验位置指示确已点亮；

6）拉开9146隔离开关；

7）检查9146隔离开关三相确已分闸；

8）验明9146隔离开关电容器三相没电；

9）合上914617接地刀闸；

10）检查914617接地刀闸三相确已合闸；

11）断开914小车开关操作电源空气开关。

9. 梅力110kV变电站10kV梅951线线路近区故障951开关拒动的处理

（1）后台报文信息。

1）10kV梅951线过流Ⅰ段、过流Ⅱ段动作；

2）1号主变低后备Ⅰ段复压过流、Ⅱ段复压过流动作；

3）1号主变10kV侧901开关分闸；

4）10kV 1号电容器914欠压保护动作；

5）10kV 1号电容器914手车开关分闸；

6）站用电备自投装置备自投动作；

7）1号站用变压器381低压开关分闸；

8）380V母线分段3812开关合闸。

（2）事故处理指南。

1）检查告警信息和保护动作信息，及时汇报调度；

2）检查站用电系统正常；

3）根据保护动作信息判断故障情况；

4）隔离故障设备，尽快恢复失电用户的供电。

（3）仿真处理结果。

1）拉开952、953、954、955、956、916断路器；

2）检查梅951线路保护测控屏；

3）检查1号主变保护、测控屏；

4）检查1号电容器914保护测控屏；

5）检查951、901、914、381、3812断路器位置，检查951电流互感器线路侧站内一次设备；

6）操作951手车开关强制分闸；

7）检查951手车开关确在分闸位置；

8）将951手车开关由"工作"位置拉至"试验"位置；

9）检查951手车开关试验位置指示确已点亮；

10）合上901断路器；

11）检查901断路器在合闸位置；

12）检查10kVⅠ母电压正常；

13）合上952断路器；

14）检查952在合闸位置；

15）合上953断路器；

16）检查953在合闸位置；

17）合上954断路器；

18）检查954在合闸位置；

19）合上955断路器；

20）检查955在合闸位置；

21）合上956断路器；

22）检查956在合闸位置；

23）合上916断路器；

24）检查916在合闸位置；

25）检查951断路器带电显示器三相灯灭；

26）合上951617接地刀闸；

27）检查951617接地刀闸合闸指示确已点亮；

28）断开951断路器电机电源空气开关；

29）断开951断路器操作电源空气开关；

30）取下951手车开关二次插件；

31）将951手车开关拉至"检修"位置；

32）检查951手车开关确在检修位置。

10. 110kV 152线路近区AB相间短路故障152开关拒动的处理

（1）后台报文信息。

1）10kV 4号电容器欠压保护动作；

2）10kV 4 号电容器 944 开关分闸；

3）110kV 备自投装置备自投动作；

4）35kV 备自投装置备自投动作；

5）2 号主变 35kV 侧 302 开关分闸；

6）35kV 分段 312 开关合闸；

7）10kV 备自投装置备自投动作；

8）2 号主变 10kV 侧 902 手车开关分闸；

9）10kV 分段 912 开关合闸。

（2）事故处理指南。

1）检查告警信息和保护动作信息，及时汇报调度；

2）检查 1 号主变负荷情况；

3）根据保护动作信息判断故障；

4）隔离故障设备，恢复失电设备正常运行方式。

（3）仿真处理结果。

1）检查 4 号电容器 944 保护测控屏、35kV、10kV 备自投装置；

2）切换母线备自投屏 10kV 备自投闭锁把手至投入；

3）切换母线备自投屏 35kV 备自投闭锁把手至投入；

4）检查 944、302、312、902、912 断路器位置，检查 152 电流互感器线路侧站内一次
设备；

5）检查 152 断路器在合闸位置和三相电流；

6）检查 110kVⅡ母三相电压为零；

7）验明 1526 隔离开关出线侧三相没电；

8）拉开 1526 隔离开关；

9）检查 1526 隔离开关三相确已分闸；

10）验明 1522 隔离开关断路器侧三相没电；

11）拉开 1522 隔离开关；

12）检查 1522 隔离开关三相确已分闸；

13）合上 2 号主变 120 中性点接地刀闸；

14）退出母线备自投屏 110kV 备自投闭锁把手；

15）投入 110kV 母联 112 保护屏 1LP4 充电保护；

16）合上 112 断路器；

17）检查 112 断路器确在合位；

18）检查 110kVⅡ母电压正常；

19）退出 110kV 母联 112 保护屏 1LP4 充电保护；

20）合上 302 断路器；

21）检查 302 开关确在合位；

22）拉开 312 断路器；

23）检查 312 开关确在分位；

24）退出母线备自投屏 35kV 备自投闭锁把手；

25）合上 902 手车开关；

26）检查 902 手车开关确在合位；

27）拉开 912 断路器；

28）检查 912 断路器确在合位；

29）退出操作母线备自投屏 10kV 备自投闭锁把手；

30）拉开 2 号主变 120 中性点接地刀闸；

31）检查 120 接地刀闸在分闸位置；

32）在 1526 隔离开关断路器侧验明无电；

33）合上 15267 接地刀闸；

34）检查 15267 接地刀闸三相确已合闸；

35）在 1522 隔离开关开关侧验明无电；

36）合上 15227 接地刀闸；

37）检查 15227 接地刀闸三相确已合闸；

38）在 1526 刀闸线路侧验明无电；

39）合上 152617 接地刀闸；

40）检查 152617 接地刀闸三相确已合闸；

41）断开 152 断路器电机电源空气开关；

42）断开 152 断路器操作电源空气开关。

第四节　变电站母线事故处理

一、横岭 220kV 变电站母线事故处理

1. 横岭 220kV 变电站 220kV I 母母线故障的处理（在母线上挂有单相接地牌）

（1）后台报文信息。

1）220kV 录波屏录波器启动；

2）220kV 母线第一套保护母差保护-动作；

3）220kV 母线第一套保护母差保护 I 母差动动作；

4）220kV 母线第二套保护差动跳 I 母动作；

5）1 号主变 220kV 201 开关 ABC 相-分闸；

6）220kV 母联 212 开关 ABC 相-分闸；

7）220kV 半横Ⅰ线 251 开关 ABC 相-分闸；

8）220kV 横乾Ⅰ线 253 开关 ABC 相-分闸；

9）220kV 横铁Ⅰ线 255 开关 ABC 相-分闸。

（2）事故处理指南。

1）检查告警信息和保护动作信息，及时汇报调度；

2）根据保护动作信息判断故障情况；

3）隔离故障设备，尽快调整运行方式恢复失电设备的供电。

（3）仿真处理结果。

1）合上 2 号主变 220kV 中性点 220 接地刀闸；

2）检查 220 接地刀闸在合闸位置；

3）检查母线保护屏及故障录波屏；

4）检查 212、201、251、253、255 断路器位置，检查 220kVⅠ母母差范围内一次设备；

5）检查 212 断路器确在断开位置；

6）拉开 2121 隔离开关；

7）检查 2121 隔离开关在分闸位置；

8）拉开 2122 隔离开关；

9）检查 2122 隔离开关在分闸位置；

10）取下 220kVⅠ母电压互感器端子箱计量二次 A、B、C 相熔丝（3RD）；

11）断开 220kVⅠ母电压互感器端子箱测量二次电压开关 ZKK；

12）拉开 220kVⅠ母电压互感器 219 隔离开关；

13）检查 219 隔离开关在分闸位置；

14）拉开 2551 隔离开关；

15）检查 2551 隔离开关在分闸位置；

16）合上 2552 隔离开关；

17）检查 2552 隔离开关在合闸位置；

18）检查 220kVⅠ、Ⅱ母电压切换指示正常；

19）拉开 2511 隔离开关；

20）检查 2511 隔离开关在分闸位置；

21）合上 2512 隔离开关；

22）检查 2512 隔离开关在合闸位置；

23）检查 220kVⅠ、Ⅱ母电压切换指示正常；

24）拉开 2531 隔离开关；

25）检查 2531 隔离开关在分闸位置；

26）合上 2532 隔离开关；

27）检查 2532 隔离开关在合闸位置；

28）检查 220kVⅠ、Ⅱ母电压切换指示正常；

29）拉开 2011 隔离开关；

30）检查 2011 隔离开关在分闸位置；

31）合上 2012 隔离开关；

32）检查 2012 隔离开关在合闸位置；

33）检查 220kVⅠ、Ⅱ母电压切换指示正常；

34）合上 253 断路器；

35）合上 255 断路器；

36）合上 251 断路器；

37）合上 201 断路器；

38）检查 253、255、251、201 断路器在合闸位置；

39）拉开 2 号主变 220kV 中性点 220 接地刀闸；

40）检查 220 接地刀闸在分闸位置；

41）验明 220kVⅠ母母线三相没电；

42）合上 2117 接地刀闸；

43）检查 2117 接地刀闸三相确已合闸；

44）验明 220kVⅠ母母线三相没电；

45）合上 2217 接地刀闸；

46）检查 2217 接地刀闸三相确已合闸；

47）验明 220kVⅠ母母线三相没电；

48）合上 2317 接地刀闸；

49）检查 2317 接地刀闸三相确已合闸；

50）验明 220kVⅠ母母线三相没电；

51）合上 2417 接地刀闸；

52）检查 2417 接地刀闸三相确已合闸；

53）断开 212 断路器操作电源空气开关Ⅰ、Ⅱ。

2. 220kVⅡ母母线故障的处理（故障点在 2022 隔离开关母线侧）主变陪停

（1）后台报文信息。

1）220kV 录波屏录波器启动；

2）220kV 母线保护母差保护动作；

3）220kV 母线第一套保护Ⅱ母差动保护动作；

4）220kV 母线第二套保护差动跳Ⅱ母动作；

5）2 号主变 220kV 202 开关 ABC 相分闸；

6）220kV 母联 212 开关 ABC 相分闸；

7）220kV 半横Ⅱ线 252 开关 ABC 相分闸；

8）220kV 横乾Ⅱ线 254 开关 ABC 相分闸；

9）220kV 横铁Ⅱ线 256 开关 ABC 相分闸。

（2）事故处理指南。

1）检查告警信息和保护动作信息，及时汇报调度；

2）根据保护动作信息判断故障情况；

3）隔离故障，尽快恢复失电设备的供电。

（3）仿真处理结果。

1）检查母线保护屏、故障录波屏；

2）检查 212、202、252、254、256 断路器位置，检查 220kVⅡ母母差范围内一次
设备；

3）检查 212 断路器确在断开位置；

4）拉开 2122 隔离开关；

5）检查 2122 隔离开关在分闸位置；

6）拉开 2121 隔离开关；

7）检查 2121 隔离开关在分闸位置；

8）取下 220kVⅡ母电压互感器端子箱计量二次 A、B、C 相熔丝；

9）断开 220kVⅡ母电压互感器端子箱测量二次电压开关 ZKK；

10）拉开 229 隔离开关；

11）检查 229 隔离开关在分闸位置；

12）检查 202 断路器在分闸位置；

13）拉开 2026 隔离开关；

14）检查 2026 隔离开关在分闸位置；

15）拉开 2022 隔离开关；

16）检查 2022 隔离开关在分闸位置；

17）检查 220kVⅡ母电压切换指示正常；

18）拉开 2562 隔离开关；

19）检查 2562 隔离开关在分闸位置；

20）合上 2561 隔离开关；

21）检查 2561 隔离开关在合闸位置；

22）检查 220kV Ⅰ、Ⅱ母电压切换指示正常；

23）拉开 2522 隔离开关；

24）检查 2522 隔离开关在分闸位置；

25）合上 2521 隔离开关；

26）检查 2521 隔离开关在合闸位置；

27）检查 220kV I、II母电压切换指示正常；

28）拉开 2542 隔离开关；

29）检查 2542 隔离开关在分闸位置；

30）合上 2541 隔离开关；

31）检查 2541 隔离开关在合闸位置；

32）检查 220kV I、II母电压切换指示正常；

33）合上 254、252、256 断路器；

34）检查 254、252、256 断路器在合闸位置；

35）退出 2 号主变 35kV 备用电源闭锁切换开关（4QK）；

36）合上 312 断路器；

37）拉开 302 断路器；

38）检查 302 断路器在分闸位置；

39）检查 35kV II母电压正常；

40）拉开 102 断路器；

41）检查 102 断路器在分闸位置；

42）拉开 1026 隔离开关；

43）检查 1026 隔离开关在分闸位置；

44）拉开 1022 隔离开关；

45）检查 1022 隔离开关在分闸位置；

46）检查 110kV II母电压切换指示正常；

47）拉开 3026 隔离开关；

48）检查 3026 隔离开关在分闸位置；

49）将 302 小车开关由"工作"位置摇至"试验"位置；

50）检查 302 小车开关试验位置灯亮；

51）验明 220kV II母母线三相没电；

52）合上 2217 接地刀闸；

53）检查 2217 接地刀闸三相确已合闸；

54）验明 220kV II母母线三相没电；

55）合上 2227 接地刀闸；

56）检查 2227 接地刀闸三相确已合闸；

57) 验明 220kV Ⅱ 母母线三相没电；

58) 合上 2237 接地刀闸；

59) 检查 2237 接地刀闸三相确已合闸；

60) 验明 220kV Ⅱ 母母线三相没电；

61) 合上 2247 接地刀闸；

62) 检查 2247 接地刀闸三相确已合闸；

63) 断开 212 断路器操作电源空气开关Ⅰ、Ⅱ。

3. 横岭 220kV 变电站 220kV Ⅱ 母母线故障的处理（故障点在 252 线路电流互感器至断路器之间）

（1）后台报文信息。

1) 220kV 录波屏录波器启动；

2) 220kV 母线保护母差保护动作；

3) 220kV 母线第一套保护Ⅱ母差动保护动作；

4) 220kV 母线第二套保护差动跳Ⅱ母动作；

5) 2 号主变 220kV 202 开关 ABC 相分闸；

6) 220kV 母联 212 开关 ABC 相分闸；

7) 220kV 半横Ⅱ线 252 开关 ABC 相分闸；

8) 220kV 横乾Ⅱ线 254 开关 ABC 相分闸；

9) 220kV 横铁Ⅱ线 256 开关 ABC 相分闸；

10) 半横Ⅱ线 252 两套保护远跳动作。

（2）事故处理指南。

1) 检查告警信息和保护动作信息，及时汇报调度；

2) 根据保护动作信息判断故障情况；

3) 隔离故障设备，尽快恢复失电设备的供电。

（3）仿真处理结果。

1) 检查 220kV 录波屏录波器、220kV 两套母差保护及相关回路保护测控屏；

2) 检查 212、202、252、254、256 断路器位置，检查 220kV Ⅱ 母母差范围内一次设备，检查结果：故障点在 252 线路电流互感器至断路器之间发生单相接地；

3) 检查 252 断路器确在断开位置；

4) 拉开 2526 隔离开关；

5) 检查 2526 隔离开关在分闸位置；

6) 拉开 2522 隔离开关；

7) 检查 2522 隔离开关在分闸位置；

8) 检查 220kV Ⅱ 母电压切换指示正常；

9) 投入 220kV 母联充电保护屏充电保护投入压板（8LP4）；

10) 合上 212 断路器；

11) 检查 212 断路器在合闸位置；

12) 检查 220kVⅡ母三相电压指示正常；

13) 退出 220kV 母联充电保护屏充电保护投入压板（8LP4）；

14) 合上 2 号主变 220kV 中性点 220 接地刀闸；

15) 检查 220 接地刀闸在合闸位置；

16) 合上 202 断路器；

17) 检查 202 断路器在合闸位置；

18) 拉开 2 号主变 220kV 中性点 220 接地刀闸；

19) 检查 220 接地刀闸在分闸位置；

20) 合上 256 断路器；

21) 检查 256 断路器在合闸位置；

22) 合上 254 断路器；

23) 检查 254 断路器在合闸位置；

24) 验明 2526 隔离开关电流互感器侧三相没电；

25) 合上 25267 接地刀闸；

26) 检查 25267 接地刀闸三相确已合闸；

27) 验明 2521 隔离开关断路器侧三相没电；

28) 合上 25217 接地刀闸；

29) 检查 25217 接地刀闸三相确已合闸；

30) 断开 252 断路器操作电源空气开关Ⅰ、Ⅱ。

4. 横岭 220kV 变电站 220kVⅠ母母线故障的处理（故障点在电压互感器上且可以隔离）

（1）后台报文信息。

1) 220kV 录波屏录波器启动；

2) 220kV 母线第一套保护母差保护-动作；

3) 220kV 母线第一套保护母差保护Ⅰ母差动动作；

4) 220kV 母线第二套保护差动跳Ⅰ母动作；

5) 1 号主变 220kV 201 开关 ABC 相-分闸；

6) 220kV 母联 212 开关 ABC 相-分闸；

7) 220kV 半横Ⅰ线 251 开关 ABC 相-分闸；

8) 220kV 横乾Ⅰ线 253 开关 ABC 相-分闸；

9) 220kV 横铁Ⅰ线 255 开关 ABC 相-分闸。

（2）事故处理指南。

1) 检查告警信息和保护动作信息，及时汇报调度；

2）根据保护动作信息判断故障情况；

3）隔离故障设备，尽快恢复失电设备的供电。

（3）仿真处理结果。

1）合上 2 号主变 220kV 中性点 220 接地刀闸；

2）检查 220 接地刀闸在合闸位置；

3）检查 220kV 录波屏录波器、220kV 两套母差保护及相关回路保护测控屏；

4）检查 212、201、251、253、255 断路器位置，检查 220kV Ⅰ母母差范围内一次设备；

5）取下 220kV Ⅰ母电压互感器端子箱计量二次 A、B、C 相熔丝；

6）断开 220kV Ⅰ母电压互感器端子箱测量二次电压开关 ZKK；

7）拉开 219 隔离开关；

8）检查 219 隔离开关在分闸位置；

9）投入 220kV 母联充电保护屏充电保护投入压板（8LP4）；

10）合上 212 断路器；

11）检查 212 断路器在合闸位置；

12）投入 220kV 母线设备测控屏Ⅱ母电压互感器二次电压并列开关；

13）检查 220kV Ⅰ母三相电压指示正常；

14）退出 220kV 母联充电保护屏充电保护投入压板（8LP4）；

15）合上 201 断路器；

16）检查 201 断路器在合闸位置；

17）拉开 2 号主变 220kV 中性点 220 接地刀闸；

18）检查 220 接地刀闸在分闸位置；

19）合上 255 断路器；

20）检查 255 断路器在合闸位置；

21）合上 251 断路器；

22）检查 251 断路器在合闸位置；

23）合上 253 断路器；

24）检查 253 断路器在合闸位置；

25）验明 219 隔离开关电压互感器侧三相无电；

26）合上 2197 接地刀闸；

27）检查 2197 接地刀闸三相确已合闸。

5. 110kVⅡ母母线故障的处理（故障点在 110kV 横星线 1541 隔离开关绝缘子单相接地）

（1）后台报文信息。

1）110kV 录波屏录波器启动；

2）110kV母线保护母差保护动作；

3）110kV母线保护Ⅱ母差动保护动作；

4）2号主变110kV 102开关分闸；

5）110kV母联112开关分闸；

6）110kV茅山线150开关分闸；

7）110kV横星线154开关分闸；

8）110kV南苑线156开关分闸；

9）110kV临平线158开关分闸；

10）110kV横富线160开关分闸。

（2）事故处理指南。

1）检查告警信息和保护动作信息，及时汇报调度；

2）根据保护动作信息判断故障情况；

3）隔离故障设备，尽快恢复失电设备的供电。

（3）仿真处理结果。

1）检查110kV录波屏录波器、110kV母差保护屏及相关回路的保护测控屏；

2）检查112、102、150、154、156、158、160断路器位置，检查110kVⅡ母母差范围内一次设备：故障点在110kV横星线1541隔离开关绝缘子单相接地；

3）检查154断路器确在断开位置；

4）拉开1546隔离开关；

5）检查1546隔离开关在分闸位置；

6）拉开1542隔离开关；

7）检查1542隔离开关在分闸位置；

8）检查110kVⅡ母电压切换正常；

9）投入110kV母联充电保护屏充电投入压板（8LP4）；

10）合上112断路器；

11）检查112断路器确在合好位置；

12）检查110kVⅡ母电压正常；

13）退出110kV母联充电保护屏充电投入压板（8LP4）；

14）合上160断路器并检查其位置；

15）合上156断路器并检查其位置；

16）合上158断路器并检查其位置；

17）合上150断路器并检查其位置；

18）合上2号主变110kV中性点120接地刀闸；

19）检查120接地刀闸在合闸位置；

20）合上 102 断路器并检查其位置；

21）拉开 2 号主变 110kV 中性点 120 接地刀闸；

22）检查 120 接地刀闸在分闸位置；

23）投入 110kV 母线保护屏互联压板（LP76）；

24）断开 110kV 母联充电保护屏 112 断路器操作电源空气开关；

25）合上 1012 隔离开关；

26）检查 1012 隔离开关在合闸位置；

27）拉开 1011 隔离开关；

28）检查 1011 隔离开关在分闸位置；

29）检查 110kV Ⅰ、Ⅱ 母电压切换指示正常；

30）合上 1512 隔离开关；

31）检查 1512 隔离开关在合闸位置；

32）拉开 1511 隔离开关；

33）检查 1511 隔离开关在分闸位置；

34）检查 110kV Ⅰ、Ⅱ 母电压切换指示正常；

35）合上 1532 隔离开关；

36）检查 1532 隔离开关在合闸位置；

37）拉开 1531 隔离开关；

38）检查 1531 隔离开关在分闸位置；

39）检查 110kV Ⅰ、Ⅱ 母电压切换指示正常；

40）合上 1552 隔离开关；

41）检查 1552 隔离开关在合闸位置；

42）拉开 1551 隔离开关；

43）检查 1551 隔离开关在分闸位置；

44）检查 110kV Ⅰ、Ⅱ 母电压切换指示正常；

45）合上 1572 隔离开关；

46）检查 1572 隔离开关在合闸位置；

47）拉开 1571 隔离开关；

48）检查 1571 隔离开关在分闸位置；

49）检查 110kV Ⅰ、Ⅱ 母电压切换指示正常；

50）合上 1592 隔离开关；

51）检查 1592 隔离开关在合闸位置；

52）拉开 1591 隔离开关；

53）检查 1591 隔离开关在分闸位置；

54）检查 110kV Ⅰ、Ⅱ母电压切换指示正常；

55）合上 110kV 母联充电保护屏 112 断路器操作电源空气开关；

56）退出 110kV 母线保护屏互联压板（LP76）；

57）检查 112 断路器电流指示为零；

58）拉开 112 断路器；

59）检查 112 断路器在分闸位置；

60）检查 110kV Ⅰ母三相电压指示为零；

61）拉开 1121 隔离开关；

62）检查 1211 隔离开关在分闸位置；

63）拉开 1122 隔离开关；

64）检查 1122 隔离开关在分闸位置；

65）取下 110kV Ⅰ母电压互感器端子箱计量二次电压 A、B、C 相熔丝；

66）拉开 110kV Ⅰ母电压互感器 119 隔离开关；

67）检查 119 隔离开关在分闸位置；

68）验明 110kV Ⅰ母三相没电；

69）合上 1117 接地刀闸；

70）检查 1117 接地刀闸确已合闸；

71）断开 112 断路器操作电源空气开关。

6. 横岭 220kV 变电站 35kV Ⅰ母相间短路故障的处理（故障点在母线上）

（1）后台报文信息。

1）35kV 母线保护母差保护动作；

2）35kV 母线保护Ⅰ母差动保护动作；

3）1 号主变 35kV 301 开关分闸；

4）35kV 1 号站用变压器 316 开关分闸；

5）35kV 1 号接地变压器 317 开关分闸；

6）35kV 协陶线 351 开关分闸；

7）1 号站用变压器 380V 开关分闸。

（2）事故处理指南。

1）检查告警信息和保护动作信息，及时汇报调度；

2）恢复站用电 380V Ⅰ母电压正常；

3）根据保护动作信息判断故障情况；

4）隔离故障设备，维持完好回路正常运行。

（3）仿真处理结果。

1）检查 401 断路器在分位，合上 412 断路器；

2）检查站用电 380V Ⅰ 母电压正常；

3）检查 35kV 母差保护屏、相关设备保护测控屏；

4）检查 35kV Ⅰ 母母差保护范围内一次设备，未发现明显的故障痕迹；

5）检查 312 断路器在分闸位置；

6）将 312 小车开关由"工作"位置摇至"试验"位置；

7）检查 312 小车开关在试验位置；

8）将 35kV 母分 Ⅱ 段母线刀闸柜小车由"工作"位置摇至"试验"位置；

9）检查 35kV 母分 Ⅱ 段母线刀闸柜小车确已在试验位置；

10）检查 351 断路器确在断开位置；

11）将 351 小车开关由"工作"位置摇至"试验"位置；

12）检查 351 小车开关确已试验；

13）检查 317 断路器确在断开位置；

14）将 317 小车开关由"工作"位置摇至"试验"位置；

15）检查 317 小车开关确已在试验位置；

16）检查 316 断路器确在断开位置；

17）将 316 小车开关由"工作"位置摇至"试验"位置；

18）检查 316 小车开关确已在试验位置；

19）检查 301 断路器确在断开位置；

20）拉开 3016 隔离开关；

21）检查 3016 隔离开关确在分位；

22）将 301 小车开关由"工作"位置摇至"试验"位置；

23）检查 301 小车开关确已在试验位置；

24）检查 315 断路器确在分位；

25）拉开 3156 隔离开关；

26）检查 3156 隔离开关确在分位；

27）将 315 小车开关由"工作"位置摇至"试验"位置；

28）检查 315 小车开关确已在试验位置；

29）检查 334 断路器确在分位；

30）拉开 3346 隔离开关；

31）检查 3346 隔离开关确在分位；

32）将 334 小车开关由"工作"位置摇至"试验"位置；

33）检查 334 小车开关确已在试验位置；

34）检查 314 断路器在分位；

35）拉开 3146 隔离开关；

36）检查 3146 隔离开关确在分位；

37）将 314 小车开关由"工作"位置摇至"试验"位置；

38）检查 314 小车开关确已在试验位置；

39）取下 35kVⅠ段母线电压互感器柜计量二次电压 A、B、C 相熔丝；

40）断开 35kVⅠ段母线电压互感器柜保护测量二次电压小开关；

41）将 35kVⅠ段母线电压互感器柜小车由"工作"位置摇至"试验"位置；

42）检查 35kVⅠ段母线电压互感器柜小车确已试验；

43）将 35kVⅠ段母线避雷器柜小车由"工作"位置摇至"试验"位置；

44）检查 35kVⅠ段母线避雷器柜小车确已试验；

45）取下 35kVⅠ段母线电压互感器柜小车二次插件；

46）将 35kVⅠ段母线电压互感器柜小车拉至检修位置；

47）检查 35kVⅠ段母线电压互感器三相小车Ⅰ段母线侧没电；

48）将 35kVⅠ段母线电压互感器柜接地小车放置试验位置；

49）合上 35kVⅠ段母线电压互感器柜接地刀闸；

50）检查 3197 接地刀闸确在合位；

51）断开 315、316、334、317、314、351、312 操作电源空气开关。

二、梅力 110kV 变电站系统事故处理

1. 110kVⅡ母母线引线上发生 AB 相间短路故障的处理

（1）后台报文信息。

1）2 号主变差动动作；

2）110kV 临梅线 152 开关分闸；

3）2 号主变 35kV 侧 302 开关分闸；

4）2 号主变 10kV 侧 902 手车开关分闸；

5）10kV 4 号电容器欠压保护动作；

6）10kV 4 号电容器 944 手车开关分闸；

7）35kV 备自投装置备自投动作；

8）35kV 分段 312 开关合闸；

9）10kV 备自投装置备自投动作；

10）10kV 分段 912 开关合闸。

（2）事故处理指南。

1）检查告警信息和保护动作信息，及时汇报调度；

2）根据保护动作信息判断故障情况；

3）隔离故障设备，完成完好回路运行。

（3）仿真处理结果。

1）检查 2 号主变保护测控屏、4 号电容器保护测控屏、10kV、35kV 备自投装置；

2）切换母线备自投屏 35kV 备自投闭锁把手至投入；

3）切换母线备自投屏 10kV 备自投闭锁把手至投入；

4）检查 152、302、902 断路器在分位，312、912 断路器在合位；

5）检查 2 号主变差动保护范围内一次设备，故障在 110kV Ⅱ 母线的引线上单相接地；

6）检查 902 断路器确在断开位置；

7）将 902 手车开关由"工作"位置摇至"试验"位置；

8）检查 902 手车开关试验位置指示确已点亮；

9）检查 302 断路器确在断开位置；

10）拉开 3026 隔离开关；

11）检查 3026 刀闸三相确已分闸；

12）拉开 3022 隔离开关；

13）检查 3022 刀闸三相确已分闸；

14）检查 112 断路器确在分位；

15）拉开 1122 隔离开关；

16）检查 1122 刀闸三相确已分闸；

17）拉开 1121 隔离开关；

18）检查 1121 刀闸三相确已分闸；

19）检查 152 断路器确在分位；

20）拉开 1526 隔离开关；

21）检查 1526 刀闸三相确已分闸；

22）拉开 1522 隔离开关；

23）检查 1522 刀闸三相确已分闸；

24）拉开 1026 隔离开关；

25）检查 1026 隔离开关三相确已分闸；

26）断开 110kV Ⅱ 母 129 电压互感器端子箱保护测量空气开关；

27）断开 110kV Ⅱ 母 129 电压互感器端子箱计量空气开关；

28）拉开 129 隔离开关；

29）检查 129 刀闸三相确已分闸；

30）验明 129 刀闸母线侧三相没电；

31）合上 1127 接地刀闸；

32）检查 1127 接地刀闸三相确已合闸；

33）断开 112、152 断路器操作电源空气开关。

2. 梅力 110kV 变电站 35kV Ⅰ母母线 AB 相间故障的处理

（1）后台报文信息。

1）1 号主变低后备Ⅰ段复压过流、Ⅱ段复压过流动作；

2）1 号主变 35kV 侧 301 开关分闸。

（2）事故处理指南。

1）检查告警信息和保护动作信息，及时汇报调度；

2）根据保护动作信息判断故障情况；

3）隔离故障设备，维持完好设备正常运行。

（3）仿真处理结果。

1）检查 35kVⅠ母母线电压为零，Ⅱ母母线电压正常；

2）拉开 351 断路器；

3）拉开 352 断路器；

4）拉开 353 断路器；

5）检查 1 号主变保护测控屏；

6）检查 35kVⅠ母线范围内设备，未发现明显故障痕迹；

7）断开 35kVⅠ母 319 电压互感器端子箱保护测量空气开关；

8）断开 35kVⅠ母 319 电压互感器端子箱计量空气开关；

9）拉开 319 隔离开关；

10）检查 319 隔离开关三相确已分闸；

11）检查 351 断路器确在断开位置；

12）拉开 3516 隔离开关；

13）检查 3516 隔离开关三相确已分闸；

14）拉开 3511 隔离开关；

15）检查 3511 隔离开关三相确已分闸；

16）检查 352 断路器确在断开位置；

17）拉开 3526 隔离开关；

18）检查 3526 隔离开关三相确已分闸；

19）拉开 3521 隔离开关；

20）检查 3521 隔离开关三相确已分闸；

21）检查 353 断路器确在断开位置；

22）拉开 3536 隔离开关；

23）检查 3536 隔离开关三相确已分闸；

24）拉开 3531 隔离开关；

25）检查 3531 隔离开关三相确已分闸；

26）检查 301 断路器确在断开位置；

27）拉开 3016 隔离开关；

28）检查 3016 隔离开关三相确已分闸；

29）拉开 3011 隔离开关；

30）检查 3011 隔离开关三相确已分闸；

31）检查 312 断路器确在断开位置；

32）拉开 3021 隔离开关；

33）检查 3121 隔离开关三相确已分闸；

34）拉开 3122 隔离开关；

35）检查 3122 隔离开关三相确已分闸；

36）验明 319 隔离开关母线侧三相没电；

37）合上 3117 接地刀闸；

38）检查 3117 接地刀闸三相确已合闸；

39）断开 312、301、351、352、353 断路器操作电源空气开关。

3. 梅力 110kV 变电站 10kV Ⅱ 母母线 AB 相故障的处理

（1）后台报文信息。

1）2 号主变低后备Ⅰ、Ⅱ段复压过流动作；

2）2 号主变 10kV 侧 902 手车开关分闸；

3）10kV 4 号电容器欠压保护动作；

4）10kV 4 号电容器 944 手车开关分闸；

5）站用电备自投站用电装置备自投动作；

6）2 号站用变压器 382 低压开关分闸；

7）380 母线分段 3812 开关合闸。

（2）事故处理指南。

1）检查告警信息和保护动作信息，及时汇报调度；

2）根据保护动作信息判断故障情况；

3）隔离故障设备，维持完好设备正常运行。

（3）仿真处理结果。

1）检查 10kV Ⅱ 母三相电压为零，Ⅰ 母电压三相正常；

2）拉开 957、958、959、960、961、962、926 断路器；

3）检查 2 号主变保护测控屏；

4）检查 4 号电容器保护测控屏；

5）检查 2 号主变低后备保护和 10kV Ⅱ 母线范围内一次设备，未发现明显故障痕迹；

6）检查 926 断路器确在断开位置；

7) 将 926 手车开关由"工作"位置摇至"试验"位置；

8) 检查 926 手车开关试验位置指示确已点亮；

9) 断开 10kV Ⅱ 段母线电压互感器保护测量电压空气开关；

10) 断开 10kV Ⅱ 段母线电压互感器计量电压空气开关；

11) 将 929 手车开关由"工作"位置摇至"试验"位置；

12) 检查 929 手车开关试验位置确已点亮；

13) 检查 902 断路器确在断开位置；

14) 将 902 手车开关由"工作"位置摇至"试验"位置；

15) 检查 902 手车开关试验位置确已点亮；

16) 检查 944 断路器确在断开位置；

17) 将 944 手车开关由"工作"位置摇至"试验"位置；

18) 检查 944 手车开关试验位置指示确已点亮；

19) 检查 962 断路器确在断开位置；

20) 将 962 手车开关由"工作"位置摇至"试验"位置；

21) 检查 962 手车开关试验位置指示确已点亮；

22) 检查 961 断路器确在断开位置；

23) 将 961 手车开关由"工作"位置摇至"试验"位置；

24) 检查 961 手车开关试验位置指示确已点亮；

25) 检查 960 断路器确在断开位置；

26) 将 960 手车开关由"工作"位置摇至"试验"位置；

27) 检查 960 手车开关试验位置指示确已点亮；

28) 检查 959 断路器确在断开位置；

29) 将 959 手车开关由"工作"位置摇至"试验"位置；

30) 检查 959 手车开关试验位置指示确已点亮；

31) 检查 958 断路器确在断开位置；

32) 将 958 手车开关由"工作"位置摇至"试验"位置；

33) 检查 958 手车开关试验位置指示确已点亮；

34) 检查 957 断路器确在断开位置；

35) 将 957 手车开关由"工作"位置摇至"试验"位置；

36) 检查 957 手车开关试验位置指示确已点亮；

37) 检查 934 断路器确在断开位置；

38) 将 934 手车开关由"工作"位置摇至"试验"位置；

39) 检查 934 手车开关试验位置指示确已点亮；

40) 检查 912 断路器确在断开位置；

41）将 912 手车开关由"工作"位置摇至"试验"位置；

42）检查 912 手车开关试验位置指示确已点亮；

43）将 9122 手车隔离开关由"工作"位置摇至"试验"位置；

44）检查 9122 手车隔离开关试验位置确已点亮；

45）拉开 9446 隔离开关；

46）检查 9446 隔离开关三相确已分闸；

47）拉开 9346 隔离开关；

48）检查 9346 隔离开关三相确已分闸；

49）在 10kVⅡ母母线上验明三相确无电压；

50）在 10kVⅡ母侧装设地线一组；

51）断开 957、958、959、960、962、926 断路器操作电源空气开关。

第五节　变电站复杂故障处理

一、横岭 220kV 变电站复杂故障处理

1. 1号主变内部 AB 相故障 312 合闸压板漏投的处理（AB 相故障）

（1）后台报文信息。

1）主变、220kV 故障录波屏录波器启动动作；

2）1号主变差动动作、轻瓦斯、重瓦斯动作；

3）1号主变 201、101、301 开关分闸；

4）35kV 备用电源备自投动作、备自投装置闭锁。

（2）事故处理指南。

1）检查告警信息和保护动作信息，及时汇报调度；

2）检查 2 号主变的负荷情况，恢复站用变压器低压母线；

3）根据保护动作信息，判断故障情况；

4）隔离故障设备，及时恢复失电用户的供电。

（3）仿真处理结果。

1）检查 2 号主变负荷情况；

2）检查 35kVⅠ母三相电压指示为零，Ⅱ母三相电压指示正常；

3）检查所用低压Ⅰ母线三相电压为零；

4）拉开 401 断路器；

5）检查 401 断路器在分闸位置；

6）合上 412 断路器；

7）检查 412 断路器在合闸位置；

8）检查所用低压Ⅰ母线三相电压正常；

9）逐一拉开 351、317、316 断路器，并检查位置；

10）合上 2 号主变 220kV 中性点 220 接地刀闸；

11）检查 2 号主变 220kV 中性点 220 接地刀闸确已合闸；

12）合上 2 号主变 110kV 中性点 120 接地刀闸；

13）检查 2 号主变 110kV 中性点 120 接地刀闸确已合闸；

14）检查主变、220kV 录波屏录波器、1 号主变两套电量、一套非电量保护屏、1 号主变测控屏、35kV 备自投屏；

15）检查 201、101、301 断路器位置，检查 1 号主变差动动作范围内设备（重点检查 1 号主变本体），主变外部未发现明显的故障痕迹；

16）检查 312 断路器在分闸位置；

17）退出 35kV 母线设备、母分测控屏 35kV 备用电源闭锁切换开关；

18）投入 35kV 备用电源合 35kV 母分开关出口压板（4LP2）；

19）投入 35kV 母差保护屏 35kV 母差保护充电保护投入压板（LP78）；

20）合上 312 断路器；

21）检查 312 断路器在合闸位置；

22）检查 35kVⅠ母电压正常；

23）退出 35kV 母差保护屏 35kV 母差保护充电保护投入压板（LP78）；

24）逐一合上 316、317、351 断路器，并检查在合闸位置；

25）拉开 380VⅠ、Ⅱ母联络 412 断路器；

26）检查 412 断路器在分闸位置；

27）合上 1 号站用变压器低压侧 401 断路器；

28）检查 401 断路器在合闸位置；

29）检查 380VⅠ电压正常；

30）检查 301 断路器确在断开位置；

31）拉开 3016 隔离开关；

32）检查 3016 隔离开关三相确已分闸；

33）将 301 小车开关由"工作"摇至"试验"位置；

34）检查 301 小车开关确已在试验位置；

35）检查 101 断路器确在断开位置；

36）拉开 1016 隔离开关；

37）检查 1016 隔离开关三相确已分闸；

38）拉开 1011 隔离开关；

39）检查 1011 隔离开关三相确已分闸；

40）检查 110kVⅠ、Ⅱ母电压切换指示正常；

41）检查 201 断路器确在断开位置；

42）拉开 2016 隔离开关；

43）检查 2016 隔离开关三相确已分闸；

44）拉开 2011 隔离开关；

45）检查 2011 隔离开关三相确已分闸；

46）检查 220kVⅠ、Ⅱ母电压切换指示正常；

47）验明 3016 隔离开关变压器侧三相没电；

48）合上 301617 接地刀闸；

49）检查 301617 接地刀闸三相确已合闸；

50）验明 1016 隔离开关变压器侧三相没电；

51）合上 101617 接地刀闸；

52）检查 101617 接地刀闸三相确已合闸；

53）验明 2016 隔离开关变压器侧三相没电；

54）合上 201617 接地刀闸；

55）检查 201617 接地刀闸三相确已合闸；

56）拉开 1 号主变 220kV 中性点 210 接地刀闸；

57）检查 1 号主变 220kV 中性点 210 接地刀闸确已分闸；

58）拉开 1 号主变 110kV 中性点 110 接地刀闸；

59）检查 1 号主变 110kV 中性点 110 接地刀闸确已分闸；

60）断开 201 断路器操作电源空气开关Ⅰ、Ⅱ；

61）断开 101、301 断路器操作电源空气开关。

2. 1 号主变高压侧避雷器引线上 A 相发生故障 301 开关拒动的处理

（1）后台报文信息。

1）主变、220kV 故障录波屏录波器启动；

2）1 号主变保护差动动作；

3）1 号主变 201 开关、101 开关分闸。

（2）事故处理指南。

1）检查告警信息和保护动作信息，及时汇报调度；

2）检查 2 号主变负荷，切换主变中性点运行方式；

3）根据保护动作信息判断故障情况；

4）隔离故障设备，尽快恢复失电用户的供电。

（3）仿真处理结果。

1）检查站用电低压Ⅰ母线三相电压为零，Ⅱ母线三相电压正常；

2）拉开 401 断路器；

3）检查 401 断路器在分闸位置；

4）合上 412 断路器；

5）检查 412 断路器在合闸位置；

6）检查站用电低压 I 母线三相电压正常；

7）逐一拉开 316、317、351 断路器，并检查位置；

8）合上 2 号主变 220kV 中性点 220 接地刀闸；

9）检查 220 接地刀闸在合闸位置；

10）合上 2 号主变 110kV 中性点 120 接地刀闸合闸；

11）检查 120 接地刀闸在合闸位置；

12）检查 2 号主变负荷情况；

13）检查主变、220kV 录波屏录波器、1 号主变两套保护屏、1 号主变测控屏、35kV 备自投屏；

14）检查 201、101、301 断路器位置，检查 1 号主变差动动作范围内设备，发现主变 220kV 侧避雷器 A 相接地；

15）检查 301 断路器在合闸位置；

16）拉开（强制）301 断路器；

17）检查 301 断路器确在断开位置；

18）拉开 3016 隔离开关；

19）检查 3016 隔离开关确已分闸；

20）将 301 小车开关由"工作"位置摇至"试验"位置；

21）检查 301 小车开关确已在试验位置；

22）投入 35kV 母差保护屏充电保护投入压板（LP78）；

23）投入 35kV 备自投保护测控屏备用电源闭锁切换开关；

24）合上 312 断路器；

25）检查 312 开关确已合闸；

26）检查 35kV I 母电压正常；

27）退出 35kV 母差保护屏充电保护投入压板（LP78）；

28）逐一合上 351、317、316 断路器，并检查在合闸位置；

29）拉开 412 断路器，合上 401 断路器；

30）检查 101 断路器确在断开位置；

31）拉开 1016 隔离开关；

32）检查 1016 隔离开关确在断开位置；

33）拉开 1011 隔离开关；

34）检查 1011 隔离开关确在断开位置；

35）检查 110kV Ⅰ、Ⅱ母电压切换指示正常；

36）检查 201 断路器确在断开位置；

37）拉开 2016 隔离开关；

38）检查 2016 隔离开关确在断开位置；

39）拉开 2011 隔离开关；

40）检查 2011 隔离开关确在断开位置；

41）检查 220kV Ⅰ、Ⅱ母电压切换指示正常；

42）验明 2016 隔离开关主变侧三相没电；

43）合上 201617 接地刀闸；

44）检查 201617 接地刀闸三相确已合闸；

45）验明 1016 隔离开关变压器侧三相没电；

46）合上 101617 接地刀闸；

47）检查 101617 接地刀闸三相确已合闸；

48）验明 3016 隔离开关主变侧三相没电；

49）合上 301617 接地刀闸；

50）检查 301617 接地刀闸三相确已合闸；

51）断开 301 小车开关电机电源空气开关；

52）断开 301 小车开关操作电源空气开关；

53）取下 301 小车开关二次插件；

54）将 301 小车开关由"试验"位置拉至"检修"位置；

55）退出 1 号主变保护 A 屏 220kV 起动失灵跳闸压板（1LP15）；

56）退出 1 号主变保护 A 屏 220kV 起动失灵装置压板（1LP16）；

57）退出 1 号主变保护 A 屏 110kV 母联开关跳闸压板（1LP22）；

58）将 1 号主变保护 B 屏 220kV 起动失灵装置 1C1LP3 切至解除；

59）将 1 号主变保护 B 屏跳 220kV 母联 212 断路器 1C1LP5 切至解除；

60）退出 1 号主变保护 C 屏 220kV 失灵起动总压板（8LP23）；

61）断开 101 断路器操作电源空气开关；

62）断开 201 断路器操作电源Ⅰ、Ⅱ空气开关。

3. 2 号主变 2026 隔离开关主变侧引线处 A 相故障 102 开关拒动的处理

（1）后台报文信息。

1）主变、220kV 故障录波屏录波器启动；

2）2 号主变保护差动动作；

3）2 号主变 220kV 202 开关、302 开关分闸；

4）1号主变保护中压复闭方向过流Ⅰ段1时限动作；

5）110kV母联112开关分闸；

6）35kV备用电源装置合分段动作；

7）35kV母联312开关合闸。

（2）事故处理指南。

1）检查告警信息和保护动作信息，及时汇报调度；

2）检查1号主变负荷情况；

3）根据保护动作信息判断故障情况；

4）隔离故障设备，尽快恢复失电回路的供电。

（3）仿真处理结果。

1）检查1号主变负荷情况；

2）检查110kVⅡ母线三相电压为零，Ⅰ母三相电压正常；

3）逐一拉开154、156、158、150、160断路器，并检查在分闸位置；

4）检查220kV故障录波屏、2号主变保护屏及测控屏、35kV备自投屏；

5）投入35kV母线设备、母分备自投保护测控屏备用电源闭锁开关；

6）检查202、102、302、312断路器位置，检查2号主变差动动作范围内设备，发现2026隔离开关主变侧引线处A相接地；

7）检查102断路器在合闸位置；

8）验明1026断路器变压器侧三相没电；

9）拉开1026隔离开关；

10）检查1026隔离开关在分闸位置；

11）验明1022隔离开关母线侧三相无电；

12）拉开1022隔离开关；

13）检查1022隔离开关在分闸位置；

14）检查110kVⅠ、Ⅱ明电压切换指示正常；

15）投入110kV母联充电保护屏充电保护投入压板（8LP4）；

16）合上112断路器；

17）检查112断路器确在合闸位置；

18）检查110kVⅡ母线电压正常；

19）退出110kV母联充电保护屏充电保护投入压板（8LP4）；

20）逐一合上154、156、158、150、160断路器，并检查在合闸位置；

21）检查302断路器确在断开位置；

22）拉开3026隔离开关；

23）检查3026隔离开关确在断开位置；

24）将 302 小车开关由"工作"位置摇至"试验"位置；

25）检查 302 小车开关确已在试验位置；

26）检查 202 断路器确在断开位置；

27）拉开 2026 隔离开关；

28）检查 2026 隔离开关确在断开位置；

29）拉开 2022 隔离开关；

30）检查 2022 隔离开关在分闸位置；

31）检查 220kV Ⅰ、Ⅱ母电压切换指示正常；

32）验明 2026 隔离开关主变侧三相没电；

33）合上 202617 接地刀闸；

34）检查 202617 接地刀闸三相确已合闸；

35）验明 1026 隔离开关主变侧三相没电；

36）合上 102617 接地刀闸；

37）检查 102617 接地刀闸三相确已合闸；

38）验明 1026 隔离开关电流互感器侧三相没电；

39）合上 10267 接地刀闸；

40）检查 10267 接地刀闸三相确已合闸；

41）验明 1021 隔离开关断路器侧三相没电；

42）合上 10217 接地刀闸；

43）检查 10217 接地刀闸三相确已合闸；

44）验明 3026 隔离开关电流互感器侧三相没电；

45）合上 302617 接地刀闸；

46）检查 302617 接地刀闸三相确已合闸；

47）断开 102 断路器操作电源空气开关；

48）断开 102 断路器电机电源空气开关；

49）断开 202 断路器操作电源Ⅰ、Ⅱ空气开关；

50）断开 302 断路器操作电源空气开关。

4. 横岭 220kV 变电站 1 号主变内部 A 相故障 201 开关拒动的处理

（1）后台报文信息。

1）主变、220kV 故障录波屏录波器启动；

2）1 号主变保护差动动作；

3）1 号主变非电量保护轻瓦斯动作；

4）1 号主变非电量保护重瓦斯动作；

5）1 号主变 110kV 101 开关分闸；

6）1 号主变 35kV 301 开关分闸；

7）1 号主变非电量保护高压失灵动作；

8）220kV 母线第一套保护 BP-2B 失灵保护动作；

9）220kV 母联 212 开关分闸；

10）220kV 半横Ⅰ线 251 开关 ABC 相分闸；

11）220kV 横乾Ⅰ线 253 开关 ABC 相分闸；

12）220kV 横铁Ⅰ线 255 开关 ABC 相分闸；

13）35kV 备用电源 CSC-246 装置备自投动作；

14）35kV 母联 312 开关合闸。

（2）事故处理指南。

1）检查告警信息和保护动作信息，及时汇报调度；

2）检查 2 号主变负荷情况，切换主变中性点；

3）根据保护动作信息判断故障情况；

4）隔离故障设备，尽快恢复失电回路的送电。

（3）仿真处理结果。

1）检查 220kV Ⅰ母三相电压为零，Ⅱ母三相电压正常；

2）检查 2 号主变负荷情况；

3）合上 2 号主变 220kV 中性点 220 接地刀闸；

4）检查 220 接地刀闸在合闸位置；

5）合上 2 号主变 110kV 中性点 120 接地刀闸；

6）检查 120 接地刀闸在合闸位置；

7）检查主变、220kV 录波屏录波器、1 号主变两套保护屏、测控屏；

8）检查 220kV 母线保护屏，35kV 备自投屏；

9）投入 35kV 母线设备、母分备自投保护测控屏备用电源闭锁压板；

10）检查 201、101、301、212、251、253、255、312 断路器位置，检查 1 号主变本体及气体继电器；

11）检查 201 断路器在合闸位置；

12）验明 2016 隔离开关主变侧三相无电；

13）拉开 2016 隔离开关；

14）检查 2016 隔离开关确在断开位置；

15）验明 2011 隔离开关母线侧三相无电；

16）拉开 2011 隔离开关；

17）检查 2011 隔离开关确在断开位置；

18）检查 220kVⅠ、Ⅱ母电压切换指示正常；

19）投入 220kV 母联充电保护屏充电保护投入压板（8LP4）；

20）合上 212 断路器；

21）检查 212 断路器在合闸位置；

22）检查 220kV Ⅱ 母线电压正常；

23）退出 220kV 母联充电保护屏充电保护投入压板（8LP4）；

24）逐一合上 255、251、253 断路器并检查在合闸位置；

25）检查 301 断路器确在断开位置；

26）拉开 3016 隔离开关；

27）检查 3016 隔离开关确在断开位置；

28）将 301 小车开关由"工作"位置摇至"试验"位置；

29）检查 301 小车开关确已在试验位置；

30）检查 101 断路器确在断开位置；

31）拉开 1016 隔离开关；

32）检查 1016 隔离开关确在断开位置；

33）拉开 1011 隔离开关；

34）检查 1011 隔离开关确在断开位置；

35）检查 110kV Ⅰ、Ⅱ 母电压切换指示正常；

36）验明 2016 隔离开关变压器侧三相没电；

37）合上 201617 接地刀闸；

38）检查 201617 接地刀闸三相确已合闸；

39）验明 1016 隔离开关变压器侧三相没电；

40）合上 101617 接地刀闸；

41）检查 101617 接地刀闸三相确已分闸；

42）验明 3016 隔离开关主变侧三相没电；

43）合上 301617 接地刀闸；

44）检查 301617 接地刀闸三相确已合闸；

45）验明 2016 隔离开关电流互感器侧三相没电；

46）合上 20167 接地刀闸；

47）检查 20167 接地刀闸三相确已合闸；

48）验明 2011 隔离开关断路器侧三相没电；

49）合上 20117 接地刀闸；

50）检查 20117 接地刀闸三相确已合闸；

51）断开 1 号主变有载调压机构箱电源小开关 Q1；

52）断开 1 号主变风扇控制箱电源小开关（QF1）；

53）断开 1 号主变风扇控制箱电源小开关（QF2）；

54）拉开 1 号主变 220kV 中性点 210 接地刀闸；

55）检查 210 接地刀闸在分闸位置；

56）拉开 1 号主变 110kV 中性点 110 接地刀闸；

57）检查 110 接地刀闸在分闸位置；

58）断开 201 断路器电机电源空气开关；

59）断开 201 断路器操作电源Ⅰ、Ⅱ空气开关；

60）断开 101 断路器操作电源空气开关；

61）断开 301 断路器操作电源空气开关；

62）断开 212 断路器操作电源空气开关。

5. 横岭 220kV 变电站 220kVⅡ母母线引线上 A 相接地故障 202 开关拒动的处理

（1）后台报文信息。

1）220kV 录波屏录波器启动；

2）220kV 母线第一套保护母差保护动作；

3）220kV 母线第一套保护Ⅱ母差动保护动作；

4）220kV 母线第二套保护差动跳Ⅱ母动作；

5）220kV 母联 212 断路器 ABC 相分闸；

6）220kV 半横Ⅱ线 252 断路器 ABC 相分闸；

7）220kV 横乾Ⅱ线 254 断路器 ABC 相分闸；

8）220kV 横铁Ⅱ线 256 断路器 ABC 相分闸；

9）2 号主变非电量保护失灵跳主变三侧动作；

10）2 号主变 110kV 102 断路器分闸；

11）2 号主变 35kV 302 断路器分闸；

12）35kV 备用电源 CSC-246 装置备自投动作；

13）35kV 母联 312 断路器合闸；

（2）事故处理指南。

1）检查告警信息和保护动作信息，及时汇报调度；

2）检查 220kVⅡ母电压正常，1 号主变负荷正常；

3）检查保护动作信息判断故障情况；

4）隔离故障设备，尽快恢复失电回路的供电。

（3）仿真处理结果。

1）检查 1 号主变负荷情况；

2）检查 220kVⅡ母线三相电压为零，Ⅰ母线电压正常；

3）检查 220kV 录波屏、220kV 两套母线保护屏；

4）检查 2 号主变保护屏、非电量保护屏及测控屏；

5）检查 35kV 备自投屏；

6）检查 312 断路器在合闸位置；

7）投入 35kV 母线设备、母分备自投保护测控屏备用电源闭锁；

8）检查 212、252、254、256、102、302、312 断路器位置，检查 220kVⅡ母差动动作范围内设备，发现 220kVⅡ母母线引线上 A 相接地；

9）检查 212 断路器确在断开位置；

10）拉开 2122 隔离开关；

11）检查 2122 隔离开关在分闸位置；

12）拉开 2121 隔离开关；

13）检查 2121 隔离开关在分闸位置；

14）取下 220kVⅡ母电压互感器端子箱计量二次电压 A、B、C 相熔丝；

15）断开 220kVⅡ母电压互感器端子箱保护测量二次电压开关；

16）拉开 220kVⅡ母电压互感器 229 隔离开关；

17）检查 229 隔离开关在分闸位置；

18）验明 2026 隔离开关主变侧三相没电；

19）拉开 2026 隔离开关；

20）检查 2026 隔离开关在分闸位置；

21）验明 2022 隔离开关母线三相没电；

22）拉开 2022 隔离开关；

23）检查 2022 隔离开关在分闸位置；

24）检查 220kVⅠ、Ⅱ母电压切换指示正常；

25）拉开 2562 隔离开关；

26）检查 2562 隔离开关确在分位；

27）合上 2561 隔离开关；

28）检查 2561 隔离开关确在合位；

29）检查 220kVⅠ、Ⅱ母电压切换指示正常；

30）拉开 2522 隔离开关；

31）检查 2522 隔离开关确在分位；

32）合上 2521 隔离开关；

33）检查 2521 隔离开关确在合位；

34）检查 220kVⅠ、Ⅱ母电压切换指示正常；

35）拉开 2542 隔离开关；

36）检查 2542 隔离开关确在分位；

37）合上 2541 隔离开关合闸按钮；

38）检查 2541 隔离开关确在合位；

39）检查 220kV I 、 II 母电压切换指示正常；

40）逐一合上 254、252、256 断路器，并检查在合闸位置；

41）检查 101 断路器在分闸位置；

42）拉开 1026 隔离开关；

43）检查 1026 隔离开关确在分位；

44）拉开 1022 隔离开关；

45）检查 1022 隔离开关确在分位；

46）检查 110kV I 、 II 母电压切换指示正常；

47）检查 302 断路器确在断开位置；

48）拉开 3026 隔离开关；

49）检查 3026 隔离开关确在分位；

50）将 302 小车开关由"工作"位置摇至"试验"位置；

51）检查 302 小车开关确已在试验位置；

52）验明 2026 隔离开关断路器侧三相没电；

53）合上 20267 接地刀闸；

54）检查 20267 接地刀闸三相确已合闸；

55）验明 2021 隔离开关断路器侧三相没电；

56）合上 20217 接地刀闸；

57）检查 20217 接地刀闸三相确已合闸；

58）退出 2 号主变第一套保护 220kV 启动失灵跳闸压板；

59）退出 2 号主变第二套保护 220kV 启动失灵跳闸压板；

60）退出 2 号主变 220kV 失灵启动总压板；

61）退出 220kV 母差 2 号主变 220kV 开关第一组跳闸压板；

62）退出 220kV 第二套母差保护 2 号主变 220kV 开关第二组跳闸压板；

63）断开 202 断路器电机电源开关；

64）断开 202 断路器操作电源 I 、 II 空气开关；

65）断开 212 断路器操作电源 I 、 II 空气开关。

6. 横岭 220kV 变电站 110kV I 母母线引线上 AB 相故障 101 开关拒动的处理

（1）后台报文信息。

1）110kV 录波屏录波器启动；

2）110kV 母线保护母差保护动作、 I 母差动保护动作；

3）110kV 母联 112 开关分闸；

4）110kV 外乔线 151 开关分闸；

5）110kV 星桥线 153 开关分闸；

6）110kV 横南线 155 开关分闸；

7）110kV 横平线 157 开关分闸；

8）110kV 横港线 159 开关分闸；

9）1 号主变保护中压零序方向过流 I 段 1 时限动作；

10）1 号主变保护中压零序方向过流 I 段 2 时限动作；

11）1 号主变保护中压零序方向过流 I 段 3 时限动作；

12）1 号主变 220kV 201 开关 ABC 相分闸；

13）1 号主变 35kV 301 开关分闸；

14）35kV 备用电源 CSC-246 装置备自投动作；

15）35kV 母联 312 开关合闸。

（2）事故处理指南。

1）检查告警信息和保护动作信息，及时汇报调度；

2）检查 2 号主变负荷情况；

3）根据保护动作信息判断故障情况；

4）隔离故障设备，尽快恢复失电回路的供电。

（3）仿真处理结果。

1）合上 2 号主变 220kV 中性点 220 接地刀闸；

2）检查 220 接地刀闸在合闸位置；

3）合上 2 号主变 110kV 中性点 120 接地刀闸；

4）检查 120 接地刀闸在合闸位置；

5）检查 110kV 录波屏录波器、110kV 母线保护屏；

6）1 号主变两套保护、1 号主变测控屏，35kV 备自投屏；

7）检查 312 断路器在合闸位置；

8）投入 35kV 母线设备、母分备自投保护测控屏备用电源闭锁；

9）检查 112、151、153、155、157、159、312、201、101、301 断路器位置，检查 110kV I 母差动动作范围内设备，发现 I 母母线引线上 AB 相短路；

10）检查 112 断路器确在断开位置；

11）拉开 1121 隔离开关；

12）检查 1121 隔离开关在分闸位置；

13）拉开 1122 隔离开关；

14）检查 1122 隔离开关在分闸位置；

15）断开 110kV I 母电压互感器端子箱保护测量二次电压开关；

16) 取下 110kV Ⅰ 母电压互感器端子箱计量二次电压 A、B、C 相熔丝；

17) 拉开 119 隔离开关；

18) 检查 119 隔离开关在分闸位置；

19) 检查 101 断路器在合闸位置；

20) 验明 1016 隔离开关主变侧三相无电；

21) 拉开 1016 隔离开关；

22) 检查 1016 隔离开关确在分位；

23) 验明 1011 隔离开关母线侧三相无电；

24) 拉开 1011 隔离开关；

25) 检查 1011 隔离开关确在分位；

26) 检查 110kV 电压切换指示正常；

27) 拉开 1511 隔离开关；

28) 检查 1511 隔离开关确在分位；

29) 合上 1512 隔离开关；

30) 检查 1512 隔离开关确在分位；

31) 检查 110kV Ⅰ、Ⅱ 电压切换指示正常；

32) 拉开 1531 隔离开关；

33) 检查 1531 隔离开关确在分位；

34) 合上 1532 隔离开关；

35) 检查 1532 隔离开关确在分位；

36) 检查 110kV Ⅰ、Ⅱ 电压切换指示正常；

37) 拉开 1551 隔离开关；

38) 检查 1551 隔离开关确在分位；

39) 合上 1552 隔离开关；

40) 检查 1552 隔离开关确在分位；

41) 检查 110kV Ⅰ、Ⅱ 电压切换指示正常；

42) 拉开 1571 隔离开关；

43) 检查 1571 隔离开关确在分位；

44) 合上 1572 隔离开关；

45) 检查 1572 隔离开关确在分位；

46) 检查 110kV Ⅰ、Ⅱ 电压切换指示正常；

47) 拉开 1591 隔离开关；

48) 检查 1591 隔离开关确在分位；

49) 合上 1592 隔离开关合闸按钮；

50）检查 1592 隔离开关确在分位；

51）检查 110kV Ⅰ、Ⅱ电压切换指示正常；

52）逐一合上 151、153、155、157、159 断路器并检查在合闸位置；

53）合上 201 断路器；

54）检查 201 断路器在合闸位置；

55）合上 301 断路器；

56）检查 301 断路器在合闸位置；

57）拉开 1 号主变 220kV 中性点 210 接地刀闸；

58）检查 210 接地刀闸在分闸位置；

59）拉开 312 断路器；

60）检查 312 断路器在合闸位置；

61）退出 35kV 母线设备、母分备自投保护测控屏备用电源闭锁；

62）验明 1016 隔离开关电流互感器侧三相没电；

63）合上 10167 接地刀闸；

64）检查 10167 接地刀闸三相确已合闸；

65）验明 1011 隔离开关断路器开关侧三相没电；

66）合上 10117 接地刀闸；

67）检查 10117 接地刀闸三相确已合闸；

68）验明 110kV Ⅰ母三相没电；

69）合上 1117 接地刀闸；

70）检查 110kV Ⅰ母 1117 接地刀闸确已合闸；

71）断开 101 断路器电机电源、操作电源空气开关。

7. 横岭 220kV 变电站 35kV Ⅱ母内部 AB 相故障 302 开关拒动的处理

（1）后台报文信息。

1）35kV 母线保护母差保护动作；

2）35kV 母线保护Ⅱ母差动保护动作；

3）35kV 2 号站用变压器 326 开关分闸；

4）35kV 铁路线 362 开关分闸；

5）2 号主变保护低压复流动作；

6）2 号主变 220kV 202 开关 ABC 相分闸；

7）2 号主变 110kV 102 开关分闸。

（2）事故处理指南。

1）检查告警信息和保护动作信息，及时汇报调度；

2）检查 1 号主变负荷情况；

3）根据保护动作信息判断故障情况；

4）隔离故障设备，尽快恢复失电回路的供电。

（3）仿真处理结果。

1）检查 35kV Ⅱ 母线三相电压为零，Ⅰ 母线三相电压正常；

2）拉开 402 断路器；

3）合上 412 断路器；

4）检查站用电低压 Ⅱ 母线三相电压正常；

5）检查 35kV 母线保护屏；

6）检查 2 号主变保护屏、2 号主变测控屏；

7）检查 202、102、302、326、362 断路器位置，35kV 母线保护 Ⅱ 母差动保护范围内一次设备，未发现明显的故障痕迹；

8）强制拉开 302 断路器；

9）检查 302 断路器确在分闸位置；

10）拉开 3026 隔离开关；

11）检查 3026 隔离开关确在断开位置；

12）将 302 小车开关由"工作"位置摇至"试验"位置；

13）检查 302 小车开关试验位置指示灯确已点亮；

14）合上 2 号主变 220kV 中性点 220 接地刀闸；

15）合上 2 号主变 110kV 中性点 120 接地刀闸；

16）合上 202 断路器；

17）检查 202 断路器在合闸位置；

18）合上 102 断路器；

19）检查 102 断路器在合闸位置；

20）拉开 2 号主变 220kV 中性点 220 接地刀闸；

21）拉开 2 号主变 110kV 中性点 120 接地刀闸；

22）断开 35kV 开关柜 Ⅱ 母电压互感器保护测量二次电压小开关；

23）取下 35kV 开关柜 Ⅱ 母电压互感器计量二次电压 A、B、C 相熔丝；

24）将 35kV 开关柜 Ⅱ 母电压互感器 329 小车由"工作"位置摇至"试验"位置；

25）检查 35kV 开关柜 Ⅱ 母电压互感器 329 小车试验位置指示灯确已点亮；

26）检查 312 断路器确在断开位置；

27）将 3122 小车开关由"工作"位置摇至"试验"位置；

28）检查 3122 小车开关试验位置指示灯确已点亮；

29）将 312 小车开关由"工作"位置摇至"试验"位置；

30）检查 312 小车开关试验位置指示灯确已点亮；

31）检查 362 断路器确在断开位置；

32）将 362 小车开关由"工作"位置摇至"试验"位置；

33）检查 362 小车开关试验位置指示灯确已点亮；

34）检查 361 断路器确在断开位置；

35）将 361 小车开关由"工作"位置摇至"试验"位置；

36）检查 361 小车开关试验位置指示灯确已点亮；

37）断开 35kV 开关柜杭泥线线路电压互感器二次电压小开关 ZKK；

38）检查 324 断路器确在断开位置；

39）拉开 3246 隔离开关；

40）检查 3246 隔离开关确已分闸；

41）将 324 小车开关由"工作"位置摇至"试验"位置；

42）检查 324 小车开关试验位置指示灯确已点亮；

43）将 35kV 开关柜Ⅱ段母线避雷器小车由"工作"位置摇至"试验"位置；

44）检查 35kV 开关柜Ⅱ段母线避雷器小车试验位置指示灯确已点亮；

45）检查 326 断路器确在断开位置；

46）将 326 小车开关由"工作"位置摇至"试验"位置；

47）检查 326 小车开关试验位置指示灯确已点亮；

48）检查 344 断路器确在断开位置；

49）拉开 3446 隔离开关；

50）检查 3446 隔离开关确已分闸；

51）将 344 小车开关由"工作"位置摇至"试验"位置；

52）检查 344 小车开关试验位置指示灯确已点亮；

53）检查 325 断路器确在断开位置；

54）拉开 3256 隔离开关；

55）检查 3256 隔离开关确已分闸；

56）将 325 小车开关由"工作"位置摇至"试验"位置；

57）检查 325 小车开关试验位置指示灯确已点亮；

58）取下 35kV 开关柜Ⅱ母电压互感器小车二次插件；

59）将 35kV 开关柜Ⅱ母电压互感器小车移至检修位置；

60）将 35kVⅡ段母线电压互感器验电小车放置在电压互感器开关柜内；

61）检查 35kVⅡ段母线电压互感器三相小车Ⅱ段母线侧没电；

62）将 35kV 开关柜Ⅱ母电压互感器验电小车移除至柜外；

63）将 35kV 开关柜Ⅱ母电压互感器接地小车至放置在电压互感器柜内；

64）操作 35kV 开关柜Ⅱ母接地刀闸操作把手至合位；

65）断开 302 断路器电机电源、操作电源空气开关；

66）取下 302 小车开关的二次插件；

67）将 302 小车开关由试验位置拉至检修位置。

8. 横岭 220kV 变电站 110kV Ⅰ 母母线引线上 A 相故障 112 开关拒动的处理

（1）后台报文信息。

1）110kV 录波屏录波器启动；

2）110kV 母线保护母差保护动作；

3）110kV 母线保护 Ⅰ 母差动保护动作；

4）1 号主变 110kV 101 断路器分闸；

5）110kV 外乔线 151 断路器分闸；

6）110kV 星桥线 153 断路器分闸；

7）110kV 横南线 155 断路器分闸；

8）110kV 横平线 157 断路器分闸；

9）110kV 横港线 159 断路器分闸；

10）110kV 母线保护母差保护动作；

11）110kV 母线保护 Ⅱ 母差动保护动作；

12）2 号主变 110kV 102 断路器分闸；

13）110kV 茅山线 150 断路器分闸；

14）110kV 横星线 154 断路器分闸；

15）110kV 南苑线 156 断路器分闸；

16）110kV 临平线 158 断路器分闸；

17）110kV 横富线 160 断路器分闸。

（2）事故处理指南。

1）检查告警信息和保护动作信息，及时汇报调度；

2）根据保护动作信息判断故障情况；

3）隔离故障设备，尽快恢复失电回路的供电。

（3）仿真处理结果。

1）检查 110kV 录波屏录波器、110kV 母差保护屏及相关设备保护测控屏；

2）检查 101、151、153、155、157、159、102、150、154、156、158、160 在分闸位置，112 断路器在合闸位置，110kV Ⅰ 母差动保护范围内一次设备，发现 Ⅰ 母线上有接地；

3）合上横岭变 2 号主变 110kV 中性点 120 接地刀闸；

4）检查 120 接地刀闸在合闸位置；

5）验明 1121 隔离开关母线侧三相无电；

6）拉开 1121 隔离开关；

7）检查 1121 隔离开关在分闸位置；

8）验明 1122 隔离开关母线侧三相无电；

9）拉开 1122 隔离开关；

10）检查 1122 隔离开关在分闸位置；

11）断开 110kVⅠ母电压互感器端子箱保护测量二次电压开关；

12）取下 110kVⅠ母电压互感器端子箱计量二次电压 A、B、C 相熔丝；

13）拉开 110kVⅠ母电压互感器 119 隔离开关；

14）检查 119 隔离开关在分闸位置；

15）合上 102 断路器；

16）检查 102 断路器在合闸位置；

17）检查 110kVⅡ母电压正常；

18）逐一合上 154、156、158、150、160 断路器，并检查在合闸位置；

19）拉开 1511 隔离开关；

20）检查 1511 隔离开关确在断开位置；

21）合上 1512 隔离开关；

22）检查 1512 隔离开关确在合好位置；

23）检查 110kVⅠ、Ⅱ母电压切换指示正常；

24）拉开 1531 隔离开关；

25）检查 1531 隔离开关确在断开位置；

26）合上 1532 隔离开关；

27）检查 1532 隔离开关确在合好位置；

28）检查 110kVⅠ、Ⅱ母电压切换指示正常；

29）拉开 1551 隔离开关；

30）检查 1551 隔离开关确在断开位置；

31）合上 1552 隔离开关；

32）检查 1552 隔离开关确在合好位置；

33）检查 110kVⅠ、Ⅱ母电压切换指示正常；

34）拉开 1571 隔离开关；

35）检查 1571 隔离开关确在断开位置；

36）合上 1572 隔离开关；

37）检查 1572 隔离开关确在合好位置；

38）检查 110kVⅠ、Ⅱ母电压切换指示正常；

39）拉开 1591 隔离开关；

40）检查 1591 隔离开关确在断开位置；

41）合上 1592 隔离开关；

42）检查 1592 隔离开关确在合好位置；

43）检查 110kV Ⅰ、Ⅱ 母电压切换指示正常；

44）拉开 1011 隔离开关；

45）检查 1011 隔离开关确在断开位置；

46）合上 1012 隔离开关；

47）检查 1012 隔离开关确在合好位置；

48）检查 110kV Ⅰ、Ⅱ 母电压切换指示正常；

49）合上 101 断路器；

50）检查 101 断路器在合闸位置；

51）拉开 2 号主变 110kV 中性点 120 接地刀闸；

52）检查 120 接地刀闸在分闸位置；

53）逐一合上 151、153、155、157、159 断路器，并检查在合闸位置；

54）验明 1122 隔离开关断路器侧三相没电；

55）合上 11227 接地刀闸；

56）检查 110kV 母联 11227 接地刀闸三相确已合闸；

57）验明 1121 隔离开关电流互感器侧三相没电；

58）合上 11217 接地刀闸；

59）检查 110kV 母联 11217 接地刀闸三相确已合闸；

60）验明 110kV Ⅰ 母三相没电；

61）合上 1117 接地刀闸；

62）检查 110kV 母线 1117 接地刀闸三相确已合闸；

63）断开 112 断路器电机电源空气开关、操作电源空气开关。

9. 横岭 220kV 变电站 110kV Ⅰ 母 A 相母线引线上故障的处理（故障点发生在 101 断路器至电流互感器之间）

（1）后台报文信息。

1）主变、110kV 故障录波屏录波器启动；

2）110kV 母线保护母差保护动作；

3）110kV 母线保护 Ⅰ 母差动保护动作；

4）1 号主变 110kV 101 开关分闸；

5）110kV 母联 112 开关分闸；

6）110kV 外乔线 151 开关分闸；

7）110kV 星桥线 153 开关分闸；

8）110kV 横南线 155 开关分闸；

9）110kV 横平线 157 开关分闸；

10）110kV 横港线 159 开关分闸；

11）1 号主变保护中压零序方向过流 I 段 1 时限动作；

12）1 号主变保护中压零序方向过流 I 段 2 时限动作；

13）1 号主变保护中压零序方向过流 I 段 3 时限动作；

14）1 号主变 220kV 201 开关 ABC 相分闸；

15）1 号主变 35kV 301 开关分闸；

16）35kV 备用电源 CSC-246 装置备自投动作；

17）35kV 母联 312 开关合闸。

（2）事故处理指南。

1）检查告警信息和保护动作信息，及时汇报调度；

2）根据告警信息判断故障情况；

3）隔离故障设备，尽快恢复失电用户的供电。

（3）仿真处理结果。

1）合上横岭变 2 号主变 220kV 中性点 220 接地刀闸；

2）合上横岭变 2 号主变 110kV 中性点 120 接地刀闸；

3）检查 110kV 故障录波屏、110kV 母线保护屏、1 号主变保护屏、测控屏、35kV 备自投屏；

4）检查 312 断路器在合闸位置；

5）投入 35kV 母线设备、母分备自投保护测控屏备用电源闭锁压板；

6）检查 110kV I 母母线保护范围内一次设备，发现在 101 断路器至电流互感器之间引线 A 相单相接地；

7）检查 101 断路器在分闸位置；

8）拉开 1016 隔离开关；

9）检查 1016 隔离开关确在断开位置；

10）拉开 1011 隔离开关；

11）检查 1011 隔离开关确在断开位置；

12）检查电压切换指示正常；

13）投入 110kV 母联充电保护屏充电保护投入压板（8LP4）；

14）合上 112 断路器；

15）检查 112 断路器在合闸位置；

16）检查 110kV I 母线电压正常；

17）退出 110kV 母联充电保护屏充电保护投入压板（8LP4）；

18）逐一合上 151、153、155、157、159 断路器，并检查其位置；

19）合上 201、301 断路器，并检查其位置；

20）拉开 220kV 中性点 210 接地刀闸；

21）拉 312 断路器；

22）检查 312 断路器在分闸位置；

23）退出 35kV 母线设备、母分备自投保护测控屏备用电源闭锁压板；

24）验明 1016 隔离开关电流互感器侧三相没电；

25）合上 10167 接地刀闸；

26）检查 10167 接地刀闸三相确已合闸；

27）验明 1011 隔离开关断路器侧三相没电；

28）合上 10117 接地刀闸；

29）检查 10117 接地刀闸三相确已合闸；

30）断开 101 断路器操作电源。

10. 横岭 220kV 变电站 220kV Ⅰ 母母线 A 相故障的处理（故障点发生在 201 断路器至电流互感器之间）

（1）后台报文信息。

1）主变、220kV 故障录波屏录波器启动；

2）220kV 母线第一套保护母差保护动作；

3）220kV 母线第一套保护 Ⅰ 母差动保护动作；

4）220kV 母线第二套保护差动跳 Ⅰ 母动作；

5）1 号主变 220kV 201 开关 ABC 相分闸；

6）220kV 母联 212 开关 ABC 相分闸；

7）220kV 半横 Ⅰ 线 251 开关 ABC 相分闸；

8）220kV 横乾 Ⅰ 线 253 开关 ABC 相分闸；

9）220kV 横铁 Ⅰ 线 255 开关 ABC 相分闸；

10）1 号主变非电量保护失灵跳主变三侧动作；

11）1 号主变 110kV 101 开关分闸；

12）1 号主变 35kV 301 开关分闸；

13）35kV 备用电源 CSC-246 装置备自投动作；

14）35kV 母联 312 开关合闸。

（2）事故处理指南。

1）检查告警信息和保护动作信息，及时汇报调度；

2）检查 2 号主变负荷情况；

3）根据保护动作信息判断故障情况；

4）隔离故障设备，尽快恢复失电回路的供电。

（3）仿真处理结果。

1）检查 2 号主变负荷情况；

2）合上横岭变 2 号主变 220kV 中性点 220 接地刀闸；

3）检查 220 接地刀闸在合闸位置；

4）合上横岭变 2 号主变 110kV 中性点 120 接地刀闸；

5）检查 120 接地刀闸在合闸位置；

6）检查主变、220kV 录波屏、1 号主变非电量保护屏、220kV 两套母差保护屏、测控屏、35kV 备自投屏；

7）检查 312 断路器在合闸位置；

8）退出 35kV 母线设备、母分备自投保护测控屏备用电源闭锁压板；

9）检查 212、251、253、255、201、101、301、312 断路器位置及 220kVⅠ母差动保护范围内一次设备，发现 201 断路器至电流互感器之间发生单相接地；

10）检查 201 断路器在分闸位置；

11）拉开 2016 隔离开关；

12）检查 2016 隔离开关确在合好位置；

13）拉开 2011 隔离开关；

14）检查 2011 隔离开关确在合好位置；

15）检查电压切换指示正常；

16）投入 220kV 母联充电保护屏充电保护投入压板（8LP4）；

17）合上 212 开关合闸；

18）退出 220kV 母联充电保护屏充电保护投入压板（8LP4）；

19）逐一合上 251、253、255 断路器并检查在合闸位置；

20）检查 301 断路器在断开位置；

21）拉开 3016 隔离开关；

22）检查 3016 隔离开关确在断开位置；

23）将 301 小车开关由"工作"位置摇至"试验"位置；

24）检查 301 小车开关试验位置指示灯确已点亮；

25）检查 101 断路器确在断开位置；

26）拉开 1016 隔离开关；

27）检查 1016 隔离开关确在断开位置；

28）拉开 1011 隔离开关；

29）检查 1011 隔离开关确在断开位置；

30）检查电压切换指示正常；

31）验明 2016 隔离开关电流互感器侧三相没电；

32）合上 20167 接地刀闸；

33）20167 接地刀闸三相确已合闸；

34）验明 2011 隔离开关断路器侧三相没电；

35）合上 20117 接地刀闸；

36）检查 20117 接地刀闸三相确已合闸；

37）断开 201 断路器操作电源 1；

38）断开 201 断路器操作电源 2；

39）断开 201 断路器电机电源。

二、梅力 110kV 变电站复杂故障处理

1. 梅力 110kV 变电站 1 号主变高压侧 1016 隔离开关母线侧发生 AB 相间短路故障 301 开关拒动的处理

（1）后台报文信息。

1）1 号主变差动动作；

2）110kV 武梅线 151 开关分闸；

3）1 号主变 10kV 侧 901 手车开关分闸；

4）10kV 1 号电容器欠压保护动作；

5）10kV 1 号电容器 914 手车开关分闸；

6）35kV 备自投装置备自投动作；

7）10kV 备自投装置备自投动作；

8）10kV 分段 912 开关合闸。

（2）事故处理指南。

1）检查告警信息和保护动作信息，及时汇报调度；

2）检查 2 号主变负荷情况；

3）根据保护动作信息判断故障情况；

4）隔离故障设备，尽快恢复失电用户的供电。

（3）仿真处理结果。

1）检查 2 号主变负荷情况；

2）检查 35kV Ⅰ母三相电压为零，Ⅱ母线三相电压正常；

3）检查 912 断路器在合位，三相电流正常；

4）逐一断开 351、352、353 断路器；

5）检查 1 号主变保护屏、测控屏；

6）检查 1 号电容器保护屏、35kV、10kV 备自投屏；

7）切换母线备自投屏 10kV 备自投闭锁把手至投入；

8）检查 151、301、901 断路器位置，1 号主变差动保护范围内一次设备，发现 1 号主

变高压侧 1016 隔离开关母线侧发生 AB 相间短路；

    9）检查 901 断路器确在断开位置；

    10）将 901 手车开关由"工作"位置摇至"试验"位置；

    11）检查 901 手车开关试验位置指示确已点亮；

    12）检查 301 断路器确在合闸位置；

    13）验明 3016 隔离开关主变侧三相无电；

    14）拉开 3016 隔离开关；

    15）检查 3016 刀闸三相确已分闸；

    16）验明 3011 隔离开关母线侧三相无电；

    17）拉开 3011 隔离开关；

    18）检查 3011 刀闸三相确已分闸；

    19）切换母线备自投屏 35kV 备自投闭锁把手至投入；

    20）合上 312 断路器；

    21）检查 312 断路器在合闸位置；

    22）检查 35kV Ⅰ 母电压正常；

    23）逐一合上 351、352、353 断路器并检查在合闸位置；

    24）检查 151 断路器确在断开位置；

    25）拉开 1016 隔离开关；

    26）检查 1016 隔离开关三相确已分闸；

    27）断开 110kV Ⅰ 母 119 电压互感器端子箱保护测量空气开关；

    28）断开 110kV Ⅰ 母 119 电压互感器端子箱计量空气开关；

    29）拉开 119 隔离开关；

    30）检查 119 隔离开关三相确已分闸；

    31）拉开 1516 隔离开关；

    32）检查 1516 隔离开关三相确已分闸；

    33）拉开 1511 隔离开关；

    34）检查 1511 隔离开关三相确已分闸；

    35）检查 112 断路器确在断开位置；

    36）拉开 1121 隔离开关；

    37）检查 1121 隔离开关三相确已分闸；

    38）拉开 1122 隔离开关；

    39）检查 1122 隔离开关三相确已分闸；

    40）验明 119 隔离开关母线侧三相没电；

    41）合上 1117 接地刀闸；

42）检查 1117 接地刀闸三相确已合闸；

43）验明 1016 隔离开关主变侧三相没电；

44）合上 101617 接地刀闸；

45）检查 101617 接地刀闸三相确已合闸；

46）验明 3016 隔离开关主变侧三相没电；

47）合上 301617 接地刀闸；

48）检查 301617 接地刀闸三相确已合闸；

49）验明 3016 隔离开关断路器侧三相没电；

50）合上 30167 接地刀闸；

51）检查 30167 接地刀闸三相确已合闸；

52）验明 3011 隔离开关断路器侧三相没电；

53）合上 30117 接地刀闸；

54）检查 30117 接地刀闸三相确已合闸；

55）断开 301 断路器储能电机电源空气开关；

56）断开 301 断路器操作电源空气开关；

57）断开 151 断路器操作电源空气开关；

58）断开 112 断路器操作电源空气开关。

2. 梅力 110kV 变电站 1 号主变内部故障 901 开关拒动的处理

（1）后台报文信息。

1）1 号主变差动动作；

2）1 号主变本体重瓦斯动作；

3）110kV 武梅线 151 开关分闸；

4）1 号主变 35kV 侧 301 开关分闸；

5）10kV 1 号电容器欠压保护动作；

6）10kV 1 号电容器 914 手车开关分闸；

7）35kV 备自投 CSC-246 装置备自投动作；

8）35kV 分段 312 开关合闸；

9）10kV 备自投 CSC-246 装置备自投动作；

10）站用电备自投站用电装置备自投动作；

11）1 号站用变压器 381 低压开关分闸；

12）380 母线分段 3812 开关合闸。

（2）事故处理指南。

1）检查告警信息和保护动作信息，及时汇报调度；

2）检查 2 号主变负荷情况；

3）根据保护动作信息判断故障情况；

4）隔离故障设备，尽快恢复失电用户的供电。

（3）仿真处理结果。

1）检查 2 号主变的负荷情况；

2）检查 10kV I 母三相电压为零，II 母线三相电压正常；

3）逐一断开 916、951、952、953、954、955、956 断路器并检查其位置；

4）检查 1 号主变保护屏、测控屏；

5）检查 1 号电容器保护屏，10kV、35kV 备自投屏；

6）检查 312 断路器在合位；

7）切换母线备自投屏 35kV 备自投闭锁把手至投入；

8）检查 151、301、901、914、312、381、3812 断路器位置，1 号主变本体、气体继电器；

9）断开 901 断路器（采取强制手动分闸）；

10）检查 901 断路器确在断开位置；

11）将 1 号主变 10kV 侧 901 手车开关由"工作"位置摇至"试验"位置；

12）检查 1 号主变 10kV 侧 901 手车开关试验位置指示灯亮；

13）切换母线备自投屏 10kV 备自投闭锁把手至投入；

14）合上 912 断路器；

15）检查 912 断路器在合闸位置；

16）检查 10kV I 母充电正常；

17）逐一合上 916、951、952、953、954、955、956 断路器并检查在合闸位置；

18）检查 301 断路器确在断开位置；

19）拉开 3016 隔离开关；

20）检查 3016 隔离开关三相确已分闸；

21）拉开 3011 隔离开关；

22）检查 3011 隔离开关三相确已分闸；

23）检查 151 断路器确在断开位置；

24）拉开 1016 隔离开关；

25）检查 1016 隔离开关三相确已分闸；

26）合上 151 断路器；

27）检查 151 断路器在合闸位置；

28）检查 110kV I 母三相电压正常；

29）检查 901 手车开关主变侧带电显示器三相灯灭；

30）合上 901617 接地刀闸；

31）检查 901 手车开关地刀合闸指示确已点亮；

32）验明 1016 隔离开关主变侧三相没电；

33）合上 101617 接地刀闸；

34）检查 101617 接地刀闸三相确已合闸；

35）验明 3016 隔离开关主变 35kV 侧三相没电；

36）合上 301617 接地刀闸；

37）检查 301617 接地刀闸三相确已合闸；

38）断开 901 断路器操作电源空气开关；

39）断开 901 断路器电机电源空气开关；

40）取下 901 手车开关二次插头至退出；

41）将 901 手车开关摇至"检修"位置；

42）断开 301 断路器操作电源空气开关。

3. 梅力 110kV 变电站 35kV Ⅱ 母母线内部 AB 相故障 302 开关拒动的处理

（1）后台报文信息。

1）2 号主变中后备 Ⅰ 段复压过流动作；

2）2 号主变中后备 Ⅱ 段复压过流动作；

3）2 号主变中后备 Ⅲ 段复压过流动作；

4）2 号主变高后备 Ⅰ 段复压过流动作；

5）110kV 临梅线 152 开关分闸；

6）2 号主变 10kV 侧 902 开关分闸；

7）10kV 4 号电容器欠压保护动作；

8）10kV 4 号电容器 944 开关分闸；

9）10kV 备自投装置备自投动作；

10）10kV 分段 912 开关合闸。

（2）事故处理指南。

1）检查告警信息和保护动作信息，及时汇报调度；

2）检查 1 号主变负荷情况；

3）根据保护动作信息判断故障情况；

4）隔离故障设备，尽快恢复失电用户的供电。

（3）仿真处理结果。

1）检查 35kV Ⅱ 母三相电压为零，Ⅰ 母线三相电压正常；

2）拉开 354、355、356 断路器并检查位置；

3）检查 2 号主变保护屏、测控屏；

4）检查 4 号电容器保护屏、35kV、10kV 备自投屏；

5）检查 912 断路器在合闸位置；

6）切换母线备自投屏 10kV 备自投闭锁把手至投入；

7）检查 152、302、902、944、912 断路器位置，1 号主变中后备保护范围内一次设备，发现 35kV Ⅱ 母母线 AB 相故障；

8）检查 302 断路器在合闸位置；

9）验明 3026 隔离开关主变侧三相无电；

10）拉开 3026 隔离开关；

11）检查 3026 隔离开关在分闸位置；

12）验明 3022 隔离开关母线侧三相无电；

13）拉开 3022 隔离开关；

14）检查 3022 隔离开关在分闸位置；

15）断开 35kV Ⅱ 母 329 电压互感器端子箱保护测量空气开关；

16）断开 35kV Ⅱ 母 329 电压互感器端子箱计量空气开关；

17）拉开 329 隔离开关；

18）检查 329 隔离开关三相确已分闸；

19）合上 120 接地刀闸；

20）检查 120 接地刀闸在合闸位置；

21）合上 152 断路器；

22）检查 152 断路器在合闸位置；

23）合上 902 断路器；

24）检查 902 断路器在合闸位置；

25）断开 912 断路器；

26）检查 912 断路器在分闸位置；

27）退出母线备自投屏 10kV 备自投闭锁把手；

28）检查 354 断路器在分闸位置；

29）拉开 3546 隔离开关；

30）检查 3546 隔离开关三相确已分闸；

31）拉开 3542 隔离开关；

32）检查 3542 隔离开关三相确已分闸；

33）检查 355 断路器在分闸位置；

34）拉开 3556 隔离开关；

35）检查 3556 隔离开关三相确已分闸；

36）拉开 3552 隔离开关；

37）检查 3552 隔离开关三相确已分闸；

38）检查 356 断路器在分闸位置；

39）拉开 3566 隔离开关；

40）检查 3566 隔离开关三相确已分闸；

41）拉开 3562 隔离开关；

42）检查 3562 隔离开关三相确已分闸；

43）检查 312 断路器在分闸位置；

44）拉开 3122 隔离开关；

45）检查 3122 隔离开关三相确已分闸；

46）拉开 3121 隔离开关；

47）检查 3121 隔离开关三相确已分闸；

48）验明 329 隔离开关母线侧三相没电；

49）合上 3227 接地刀闸；

50）检查 3227 接地刀闸三相确已合闸；

51）验电 3022 隔离开关断路器侧三相没电；

52）合上 30227 接地刀闸；

53）检查 30227 接地刀闸三相确已合闸；

54）验明 3026 隔离开关断路器侧三相没电；

55）合上 30267 接地刀闸；

56）检查 30267 接地刀闸三相确已合闸；

57）断开 302 断路器电机电源、操作电源空气开关；

58）断开 312 断路器操作电源空气开关；

59）断开 354、355、356 断路器操作电源空气开关。

4. 梅力 110kV 变电站 10kV Ⅰ母 AB 相故障 901 开关拒动的处理

（1）后台报文信息。

1）1 号主变低后备Ⅰ、Ⅱ、Ⅲ段复压过流动作；

2）110kV 临梅线 151 断路器分闸；

3）1 号主变 35kV 侧 301 断路器分闸；

4）10kV 1 号电容器欠压保护动作；

5）10kV 1 号电容器 914 手车开关分闸；

6）110kV 备自投装置备自投动作；

7）110kV 分段 112 开关合闸；

8）35kV 备自投装置备自投动作；

9）35kV 分段 312 开关合闸；

10）1 号主变低后备Ⅱ、Ⅲ段复压过流动作；

11）110kV 分段 112 开关分闸；

12）站用电备自投站用电装置备自投动作；

13）1 号站用变压器 381 低压开关分闸；

14）380 母线分段 3812 开关合闸。

（2）事故处理指南。

1）检查告警信息和保护动作信息，及时汇报调度；

2）检查 2 号主变负荷情况；

3）根据保护动作信息判断故障情况；

4）隔离故障设备，尽快恢复失电用户的供电。

（3）仿真处理结果。

1）检查 110kV Ⅰ母三相电压为零，Ⅱ母三相电压正常；

2）检查 10kV Ⅰ母三相电压为零，Ⅱ母三相电压正常；

3）逐一断开 916、951、952、953、954、955、956 断路器，并检查在分闸位置；

4）检查 1 号主变保护屏、测控屏；

5）检查 1 号电容器保护屏、10、35、110kV 备自投屏；

6）检查 312 断路器在合闸位置；

7）切换母线备自投屏 35kV 备自投闭锁把手至投入；

8）检查 151、301、901、914、112、912 断路器位置，1 号主变低后备保护范围内一次设备，未发现明显故障痕迹；

9）拉开（强制）901 断路器；

10）检查 901 断路器确在断开位置；

11）将 901 手车开关由"工作"位置摇至"试验"位置；

12）检查 901 手车开关试验位置指示确已点亮；

13）合上 1 号主变 110 中性点接地刀闸；

14）检查 110 中性点接地刀闸确在合好位置；

15）合上 151 断路器；

16）检查 151 断路器在合闸位置；

17）合上 301 断路器；

18）检查 301 断路器在合闸位置；

19）拉开 312 断路器；

20）检查 312 断路器在分闸位置；

21）退出母线备自投屏 35kV 备自投闭锁把手；

22）拉开 1 号主变 110 中性点接地刀闸；

23）检查 110 接地刀闸在分闸位置；

24）将 916、951、952、953、954、955、956、914、934 小车开关逐一摇至试验位置，并检查在试验位置；

25）断开 10kV Ⅰ 段母线电压互感器保护电压空气开关；

26）断开 10kV Ⅰ 段母线电压互感器计量电压空气开关；

27）将 10kV Ⅰ 母电压互感器 919 手车由"工作"位置摇至"试验"位置；

28）检查 10kV Ⅰ 母电压互感器 919 手车试验位置确已点亮；

29）检查 912 断路器确在断开位置；

30）将 10kV 分段 912 手车开关由"工作"位置摇至"试验"位置；

31）检查 10kV 分段 912 手车开关试验位置指示确已点亮；

32）将 10kV 分段 9122 刀闸手车由"工作"位置摇至"试验"位置；

33）检查 10kV 分段 9122 刀闸手车试验位置确已点亮；

34）断开 901 断路器电机电源空气开关、操作电源空气开关；

35）操作 1 号主变 10kV 901 手车开关二次插件至取下；

36）将 1 号主变 10kV 901 手车开关拉至"检修"位置；

37）在 10kV Ⅰ 母母线侧验明无电；

38）在 10kV Ⅰ 母母线侧装设一组接地线。

第四章

典 型 案 例 分 析

第一节 安 全 案 例 分 析

[案例1] 违反 Q/GDW 1799.1—2013《国家电网公司电力安全工作规程变电部分》有关倒闸操作及五防解锁钥匙使用规定

4月18日，××供电公司220kV××变电站35kV闸刀专项大修工作，1♯主变及2♯接地变压器35kV停役。操作任务为：

(1) 220kV 1♯主变由热备用转冷备用。

(2) 35kV 1♯主变351断路器由热备用转检修。

(3) 35kV 2♯接地变压器361断路器由热备用转检修，总共39步操作。

一、事故经过

担任该项操作的监护人是吴×，操作人是朱×，于5时00分调度许可开始操作。在操作到第20步"在1♯主变35kV 351断路器变压器侧验电、挂接地线"时，由于微机五防电脑钥匙的电池不足，无法打开1♯主变35kV 351断路器变压器侧接地点处的机械编码锁，朱×就去控制室取解锁钥匙，走到楼梯口时遇见站长王×，朱×问："王×，电脑钥匙没有电了，你有解锁钥匙吗？"王×到备品间内取出了一把备用的机械编码锁的解锁钥匙交于朱×，并关照了一声："小心点！"，随后王×就回控制室，朱×与吴×一起用解锁钥匙进行解锁操作。在操作完1♯主变35kV 351断路器变压器侧验电、挂接地线后，两人取了另一副接地线一同走到2♯接地变压器35kV副母隔离开关处，同时将操作梯子也移到该处，朱×发现2♯接地变压器35kV副母隔离开关的电磁闭锁无法提示开关位置情况（该电磁闭锁为老式产品），就提出自己先去检查一下2♯接地变压器35kV 361断路器的实际位置（第26步操作步骤），以确定断路器在拉开位置后再执行第27步操作步骤，即："拉开2♯接地变压器35kV副母隔离开关"。吴×同意朱单独去检查，自己留在2♯接地变压器35kV副母闸刀处。当朱×进入2♯接地变压器35kV开关室后，隔墙等候的吴×大声问他："开关拉开了没有？"朱×在检查断路器确已拉开后大声回答："拉开了。"然后，朱×就离开了2♯接地变压器35kV开关室。当朱×在返回途中，听见操作走廊内一声巨响，朱×立即奔进

35kV 高压室，发现站内另一班操作人员正在给吴×灭火，并与其他人员立即将吴×急送至医院抢救。经医院初步诊断，吴×全身烧伤面积为 75.5%，其中三度烧伤达 56.5%。

二、事故原因及暴露问题

（1）当值操作人员不严格执行倒闸操作规定，单人、跳步操作。朱×在失去监护的情况下单独一人检查 2# 接地变压器 35kV 断路器位置；吴×在朱×不在的情况下独自给 2# 接地变压器 35kV 断路器母线侧加装接地线。

（2）擅自解除五防闭锁装置。在微机五防电脑钥匙电池不足的情况下，不遵守有关解锁规定，没有进行五防解锁钥匙申请使用审批手续，擅自解锁操作。

（3）在加装接地线以前，不认真检查闸刀实际位置，不进行验电。

（4）集控站站长在执行五防解锁规定时，未能以身作则，并且在使用解锁钥匙时未加强监护，导致站内在执行规程制度上缺乏严肃性。

（5）职责不明。监护人监护不到位、操作人违反规定单人操作、不验电即装设接地线。

三、防范措施及要求

（1）操作前将五防钥匙的完好情况检查列入工器具的完好性检查项目进行。

（2）组织运行管理部门全员参加的五防系统及解锁钥匙使用培训班。对钥匙的使用审批流程及管理做重点培训。

（3）加强倒闸操作标准化作业培训工作，规范操作行为，将操作"把六关"（操作准备关、操作票填写关、接令关、模拟预演关、操作监护关、操作质量检查关）落到实处。

［案例 2］ 单人巡视设备时发现缺陷随即处理缺陷

一、事故经过

某变电站巡视人员独自一人开展 110kV 变电站巡视，发现 35kV Ⅰ段母线 B 相电压异常，遂打开 35kV Ⅰ段母线电压互感器隔离开关挂锁，拉开电压互感器 381 隔离开关，验电后，更换了 B 相高压熔断器。之后，在继续检查设备时发现相邻的保护装置上仍有"35kV TV 断线告警"信号，随即又准备再次检查 35kV Ⅰ段母线电压互感器间隔，在带电情况下伸手欲摘 35kV B 相高压熔断器时，右手上臂与相邻电压互感器引下线之间短路，造成触电。

二、事故原因及暴露问题

（1）值班人员违反巡视规定，进行单人巡视。并且 Q/GDW 1799.1—2013《国家电网公司电力安全工作规程　变电部分》规定：单人操作、检修人员在操作过程中也禁止解锁。

（2）巡视发现问题未进行缺陷上报及处理流程。

（3）不履行"两票三制"，无票操作、无票工作、无监护（即使允许单人操作条件也必须认真执行监护复诵制度）操作。

（4）更换电压互感器 B 相高压熔断器后，发现告警继续擅自进行处理，扩大工作范围。

（5）第二次检查电压互感器高压熔断器时，不进行电压互感器停电倒闸操作，也未进行验电。

三、防范措施及要求

（1）加强培训，规范运行人员对设备巡视行为规则。

（2）设备巡视过程发现缺陷应及时汇报值班长，取得值班长对缺陷定性并组织消除缺陷任务办理工作票后方可开始工作。严禁单人消缺。

（3）Q/GDW 1799.1—2013《国家电网公司电力安全工作规程 变电部分》培训每月一学，每月一考。对于考试达不到 95 分的停岗继续培训，连续三次考试不达标扣除半年绩效工资。

[案例 3]　检修人员对停电电缆、电容器等剩余电荷不进行放电即开始工作

一、事故经过

某电业局修试管理处郭×、曹×、马×、寇×4 人到达某 110kV 变电站处理 941 电容器跳闸故障，10 时 30 分，变电站值长杨×许可 941 电容器电气试验工作后工作负责人郭×组织召开班前会，交代工作任务和现场安全措施，强调电容器必须逐台进行放电。会后，郭×等人准备工器具，曹×用手触碰了 B 相 02♯单体电容器已熔断的熔丝，被剩余电荷电了一下，寇×、马×对其行为进行了制止。随后寇×开始进行电容器放电工作，当完成 A 相电容器放电进行到 B 相 02♯单体电容器中性点侧放电时，寇×听到对面发出"啊呀"一声，随即看到曹×从电容器基础上退下来，靠坐在 A 相电抗器水泥基础旁。随后查看发现曹×已触电，出现呼吸急促、双手抽搐现象。后将伤者立即送至医院，经抢救无效死亡。

二、事故原因及暴露问题

（1）941 电容器组 B02 单体电容器熔丝熔断，不平衡保护跳闸后，无法通过放电线圈放电，存在剩余电荷，残压较高。

（2）工作班成员曹×在已知 B02 单体电容器带电，且未完成 941 甲组 B 相电容器充分放电的情况下，登上电容器基础，左胸腹部触碰 B02 单体电容器熔丝，违章作业，造成触电，是造成此次事故的直接原因。

（3）工作负责人郭×，对单体电容器保险丝熔断没有完全放电，且存在较大风险的特殊作业点未严格履行安全监护制度，在工作班成员进行电容器放电过程中，未对需要重点监护的作业点进行监护，造成工作班成员曹×失去监护，未及时发现曹×违章作业行为。

（4）个人业务技能水平不高。曹×专业知识缺乏，对电容器检修试验工作存在的危险点和安全风险认识不足，在未充分放电、未接地的情况下，违章冒险作业。

（5）作业风险辨识不到位。工作人员对 B02 电容器熔丝熔断存在的危险点辨识不准确，未优先对 B02 单体电容器进行充分放电。

三、防范措施及要求

（1）深刻汲取事故教训。公司系统各单位立即组织学习事故通报，开展安全警示教育活动，深入排查治理安全隐患。

（2）强化各级人员安全责任落实。突出抓好班组长、工作负责人、专责监护人等现场关键岗位人员的安全责任落实，强化全员明责、知责，履责、尽责能力。

（3）强化作业现场安全管控。严格执行"电力安全工作规程、两票"、生产现场作业"十不干"工作要求，严格执行安全技术交底等安全管理规定，严格履行工作许可、监护制度，确保作业人员人身安全。

（4）加强特殊作业项目、特殊作业环境风险辨识。对电容器、电缆等存在较大剩余电荷的检修项目，开展风险点辨识，并采取有针对性的防范措施。

（5）加强作业人员安全技能培训。现场作业人员要从熟悉设备接线方式、构造原理，运行工况等方面开展有针对性的技能培训，切实提高一线人员业务技能和安全防护意识。

（6）加大安全督查力度，杜绝习惯性违章。加大查处习惯性违章力度，严格作业现场安全管理，加大习惯性违章行为处罚力度。

［案例4］ 相关单位（运行、检修、信通）对变电站日常维护不到位，隐患排查不力，缺陷处理不及时

一、事故经过

7月16日1时16分，红某变电站后台机报220kV 251A线、252 B线、253 C线双套保护通道告警信号，153 D线、151 E线通道告警，告警信号无法复归，两台调度电话、行政电话均不通，红某变至中调调度数据网、地区调度数据网均中断。检查红某变电站站内一、二次设备发现通信高频开关电源Ⅰ、Ⅲ交流均失电、通信设备无告警信号。上级电源0.4kW 2#母线馈线屏2-7K抽屉开关合位，红灯亮；2-7I通信电源2分位，红灯灭；1#母线馈线屏2-3K通信电源1合位，红灯灭，立即合上2-7I抽屉开关，通信电源Ⅰ恢复送电。再次试合2-3K，未能合上，2-7K抽屉开关合位，红灯亮，但通信电源Ⅲ仍然无电。

2时35分检修人员到达该变电站检查发现0.4kV 1#母线馈线屏2-3K抽屉开关故障，无法修复。于是中调下令220kV 251A线退出运行、退出220kV 253 C线 RCS-931D、253 C线 CSC-103D主保护；退出220kV 252B线 RCS-931D、CSC-103D线路主保护。

4时55分通信处检修人员到站，在通信电源Ⅲ上通过2-7K带2-3K对应交流接触器方式并接，5时25分，通信电源Ⅲ恢复供电。220kV 251 A线、252 B线、253 C线双套保护通道，153 D线、151 E线保护通道仍告警，双套光端机故障，无法正常启动。

9时20分区调下令退出153 D线差动保护、退出红某站151 E线差动保护。

15时30分厂家在更换两台光端机的2个交叉盘后，两台光端机所带红某站通信、调度数据网业务恢复。

20 时 12 分中调下令投入红某变 220kV 251 线 RCS-931BM、220kV 252 线 CSC-103D、220kV 253 线 RCS-931BM 光纤差动主保护。恢复正常运行方式。

二、事故原因及暴露问题

（1）通信电源 I 和通信电源 III 交流进线失电，蓄电池放到阈值后直流接触器跳闸，导致两台光端机失电，是本次事件的直接原因。

（2）1♯母线馈线屏 3-4J 抽屉开关一直处于故障状态，导致通信电源 I 单电源供电。事故前两天通信电源 I 另一路交流电源 2-7 I 抽屉开关偷跳后未送电，导致通信电源 I 失电，是本次事件的主要原因之一。

（3）通信电源 I 失电后，所有负荷均由通信电源 III 和蓄电池接带。7 月 16 日，1♯母线馈线屏 2-3K 抽屉开关故障，通信电源 III 自投到 2-7K 对应的交流接触器，20min 后，该交流接触器故障，造成通信电源 III 失电，蓄电池放到阈值后直流接触器跳闸，是本次事件的主要原因之一。

（4）两台光端机复电后交叉盘故障，业务无法快速恢复，是本次事件扩大的主要原因。

（5）信息通信处值班人员监盘不到位。通信电源监控系统在有红某站通信电源 III 的故障紧急告警，但通信调度班值班人员未及时做出反应。

（6）信息通信处春查工作组织开展不力。未对通信电源主备交流进线开关进行轮换试验，也未跟进一路供电电源故障缺陷。对过去已发生过该站通信电源 I 两路进线电源跳闸，信息通信处未引起足够重视，在已知通信电源 I 单电源运行情况下，未紧盯缺陷处理情况，也未采取临时措施，风险分析、隐患排查等日常运维不到位。

（7）变电运行人员设备巡视不到位。2-3K 抽屉开关故障，站内运行人员巡视均未发现。

（8）修试管理处缺陷管理不到位，隐患排查不力，缺陷处理不及时。3-4J 抽屉开关早已故障一直未处理，处于故障状态，导致通信电源 I 单电源供电。

三、防范措施及要求

（1）信息通信处牵头，修试管理处、变电管理处配合，立即制定通信电源信号上传治理方案，开展一体化电源改造工作，实现通信电源信号上传。临时方案采取在通信电源屏上选取硬接点将信号通过测控装置上传至后台和调度，实现实时监控。

（2）信息通信处和各供电分局立即开展所辖变电站通信电源专项排查工作，摸清通信电源运行状况、承载业务情况、交流进线运行情况等，对运行年限长、存在安全运行隐患的设备，制定改造计划。

（3）信息通信处和各供电分局强化通信电源系统的运行维护管理，加强专业巡视、春查应修必修、应试必试工作，定期开展通信电源投切转换、蓄电池充放电工作，做好设备维护，确保设备稳定运行。

（4）信息通信处向变电管理处提供 110kV 及以上变电站通信电源巡视卡，依据巡视卡对变电站运行人员进行现场示范指导，确保变电运行人员能够熟练开展通信电源的巡视工作。

（5）信息通信处和各供电分局立即全面排查变电站站用交流出线断路器与通信电源之间、通信电源本身进出线空气开关级差配合情况，对不满足级差配合要求的要立即进行整改，防止越级跳闸事件的发生。

（6）修试管理处、信息通信处和各供电分局要认真开展设备缺陷、隐患治理工作，有计划的制定消缺方案，储备缺陷处理所需备品备件，及时修复故障设备，坚决杜绝缺陷超期不处理。运行单位要对缺陷处理情况进行监督，对超期未处理的缺陷要及时向生产技术处汇报，生产技术处将对责任单位进行通报考核。

（7）变电站运行人员要立即对站用交、直流系统（主系统、馈线屏、馈线开关、回路等）开展全面细致隐患排查，重点对低压配电室交流抽屉开关运行情况、直流电源运行情况、直流监控报警等进行排查，发现缺陷及时上报、流转。检修单位接到流转单后必须在规定时间内处理完毕。

（8）在已发现的缺陷和隐患未处理前，变电站运行人员要重点关注，缩短巡视周期，时刻掌握设备运行状态。变电运行管理单位本部管理人员要不定期、多频次对变电站巡视工作开展情况进行检查，督促和指导变电站开展巡视工作，提升巡视质量，对巡视不全面、不认真、不规范的情况应纳入考核。

（9）修试管理处、各供电分局要加强设备缺陷管理，在接到运行单位排查出的变电站交、直流缺陷后，严格按缺陷处理周期完成缺陷消除工作，不能按周期消除的缺陷，必须制定防范措施，并对设备运行状态跟踪监督。因缺陷未彻底处理而导致事故发生，生产处将对相关单位进行严厉考核。

（10）修试管理处、各供电分局要定期开展专业巡视工作，检查设备健康状况，做好设备维护工作，提升设备健康运行水平。

（11）各单位做好设计和验收把关工作。

红某变电站站用电源与通信电源屏接线如图 4-1 所示。

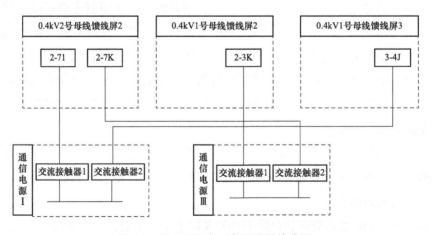

图 4-1　站用电源与通信电源屏接线图

［案例 5］ 未按规定使用作业工器具及劳动防护用品造成事故

一、事故经过

某变电站值班员王×巡视设备时发现屏柜灰尘大脏污，决定清扫一下。当在 2♯交流盘二次设备用毛刷清扫 11♯备用空气开关的电源侧时，毛刷的金属部分与空气开关的电源接线端子相碰，造成设备短路，导致 2♯交流盘 11♯空气开关烧坏，盘面烧坏，直流屏交流失压，站用变压器停电。王×右手、右臂、右胸严重烧伤，纤维衬衣烧焦粘于皮肤，导致皮肤大面积剥离。

二、事故原因及暴露问题

(1) 值班员安全意识差，作业中使用的工具未采取绝缘措施，毛刷有金属护套，在清扫尘土时，空气开关与电源端子间空间小，毛刷金属护套碰到电源端子发生短路。

(2) 值班员违反 Q/GDW 1799.1—2013《国家电网公司电力安全工作规程　变电部分》，在二次回路清扫灰尘时，单独作业，现场无安全监护人，增加了作业风险。

(3) 作业人员未按规定穿戴好棉质劳动防护用品，造成烧伤事故。

(4) 王×麻痹大意，认为打扫卫生是非正式作业，思想上放松，未采取断电作业。

(5) 危险点辨识不足，预控措施不到位。

三、防范措施及要求

(1) 清扫二次设备不得使用带有金属的毛刷。

(2) 上班期间一律统一着装穿戴单位配发的棉质工作服。生产岗位员工在上班期间不得佩戴首饰。

(3) 严禁单人工作。监护人不在作业现场不得工作。

(4) 制订、完善二次设备清扫工作指导书。指导书中明确工具使用规范、作业危险点及防范措施。

(5) 针对部分运行人员对规程制度不熟悉、业务技能偏低，专业素质不能满足安全生产需求的情况，尽快组织培训学习，提高业务素质。

［案例 6］ 运行人员不与调度沟通擅自处理故障导致事故发生

一、事故经过

2014 年 6 月 29 日 13 时 09 分，川某变电站 220kV 2♯主变压变非电量保护 IPACS-5944 压力释放信号频繁告警、复归，压力释放指示灯亮。15 时 54 分，运行人员在检查保护压板时，误碰本体压力释放功能压板，接通出口回路，非电量保护启动跳闸出口，2♯主变压器 202、102 断路器跳闸。17 时 28 分调度下令将 2♯主变转检修，现场检查发现 2♯主变压器压力释放阀靠 220kV 侧接点虚接，导致压力释放信号频繁告警。检查有载分接开关气体继电器无气体，变压器外观检查正常，气体继电器顶盖内部无凝露、无异物，主变本体端子箱、风冷端子箱无进水现象，2♯主变压力释放出口跳闸压板在退出位置，本体重瓦斯、调压重瓦斯功能压板均在投入位置。30 日 0 时 10 分，将 2♯ 主变压器压力释放阀退出运行后，2♯ 主变压器投入运行。

二、事故原因及暴露问题

（1）2♯ 主变压器本体压力释放阀存在质量问题，220kV 侧接点虚接，导致压力释放信号频繁告警、复归，是造成本次事件的起因。

（2）运行人员发现 2♯ 主变压器本体压力释放信号频繁告警、复归，本应及时汇报调度，但运行人员违反《变电站现场运行规程》规定，擅自处理致误投本体压力释放功能压板，接通出口回路跳闸，是造成本次事件的直接原因。

（3）运行单位管理不到位，运行人员值班期间严重违反劳动纪律，安全意识淡薄，责任心不强，对《变电站现场运行规程》规定和设备功能状况不熟悉，技术业务水平不高。是造成本次事件的主要原因。

（4）运行人员值班搭配不合理，一名专业技能水平偏低的值班员带两名工龄不足两年的新人员值班，主值班员在进行故障检查改投保护压板操作时，两名副值班员对错误行为没有予以及时制止，从而直接导致了事件的发生。是造成本次事件的重要原因。

（5）当值值班人员无视岗位职责，在 2♯ 主变跳闸后未立即汇报相关单位和领导，局组织现场调查时责任人不主动承认错误，而是故意隐瞒事件真相，导致延长停电时间。暴露出运行人员对安全规程制度极端漠视，安全责任严重缺失。

三、防范措施及要求

（1）为深刻汲取本次事件教训，杜绝类似事件再次发生，在全局范围内组织专题学习，举一反三，加强职工安全生产教育，进一步加大反"三违"（违章指挥、违章操作、违反劳动纪律）工作力度，严肃劳动纪律，严格规程制度执行的严肃性和权威性，严禁到岗不到位、脱岗等现象的发生。

（2）深入开展安全生产整顿工作，深刻剖析安全生产管理中存在的隐患和薄弱环节，强化生产过程中的安全管理，坚决杜绝人员责任事件的发生。

（3）责成变电管理处强化安全生产管理工作，强化规程、制度培训力度，提高运行人员业务技能水平和安全责任意识，优化运行值班人员配置，确保安全责任真正落实到位，严格遵章守纪和信息汇报。

（4）及时与厂家联系，处理川某变电站 2♯ 主变压器本体压力释放信号频繁告警、复归问题。

（5）针对全局结构性缺员严重、专业技能人才接续难的问题，加大师带徒培训力度，合理进行人员调配，保证重要岗位的人才需求。

（6）利用春查停电机会对全局所有变电站的变压器非电量保护进行检查、消缺。

［案例7］ 检修人员擅自扩大工作因感应电致人死亡事故

一、事故经过

4月1日，某供电公司变电检修班进行220kV罗×变电站兴东二线113-2隔离开关检修工作，兴东二线停运（兴东一、二双回线同杆并架39.02km，兴东一线在运行中）。变电运维人员在做完相关安全措施后。11时00分运维人员许可变电第一种工作票，并履行工作许可手续。工作负责人芮×组织工作班成员（共4人）列队唱票并分配工作任务，工作班成员陈××（死者，变电检修高级工）、陈×负责刀闸连杆轴销的加油检查，孟××负责机构清扫，芮×负责监护。11时30分陈××在打开113-2隔离开关A相线路侧连接板时，线路侧未挂接地线，失去接地线保护，造成感应电触电。15时10分左右陈××经抢救无效死亡。

二、事故原因及暴露问题

（1）现场作业超出工作票范围内容，在线路侧未挂接地线的情况下，将113-2刀闸A相线路侧接线板拆开，失去接地线保护，导致陈××感应电触电，属严重违章，是本次事故的直接原因。

（2）本次作业未认真全面分析现场作业安全风险，安全风险辨识不到位。工作票安全措施针对性不强，风险分析不到位，未认识到同杆并架运行线路产生的感应电影响，未辨识出拆除线路侧连接板会导致感应电触电风险，风险控制单套用典型措施，未采取任何针对性措施。风险管控流于形式；现场工作负责人未履行职责，作业范围扩大，现场作业失控，是本次事故的主要原因。

（3）制度执行流于形式。工作票填写、审核、批准等环节未起到把关作用，风险控制单填写简单套用模板，指导性、针对性不强，安全生产规章制度执行流于形式，暴露出安全生产责任落实不到位，工作马虎敷衍。

（4）现场作业秩序失控。现场作业人员安全意识淡薄，作业危险点不清楚，作业行为随意。工作负责人责任心不强，未能正确安全的组织工作，现场监护不到位，导致现场安全失控。

三、防范措施及要求

（1）立即停产整顿治理。要求供电公司深刻汲取本次事故教训，召开安全生产紧急电视电话会议，部署落实专项整治方案，停产整顿1天；该供电公司召开事故现场会，停产整顿3天；变电检修室停产整顿1周。该公司及所属各单位开展专题安全日活动，全面查找安全薄弱环节，从提高安全意识、强化现场管控、加强技术和安全措施等方面制定落实整改措施。

（2）严肃事故调查处理。该公司要认真组织事故分析，按照"四不放过"（事故原因未查清不放过、责任人员未处理不放过、整改措施未落实不放过、有关人员未受到教育不放过）的原则，严肃查处相关责任人。

（3）强化小型作业现场管理。加强现场安全交底，在实际作业和操作前，必须对分项操作步骤及其安全要领、可能突发情况及应对措施交清讲明，严禁擅自扩大工作范围和增加工作内容。强化风险管控，规范工作流程，严格工作票编写、许可、签发各环节要求，强化领导干部和管理人员审核把关作用。

（4）强化防感应电反事故措施。针对有可能产生感应电压情况，严格落实现场安全技术措施和组织措施，制定完善并落实作业中防感应电措施，必须加装可靠的工作接地线或使用个人保安线，确保作业人员在接地线保护范围内工作。

（5）针对同杆塔架设的输电线路、邻近或交叉跨越带电体附近的相关作业场所，认真开展作业前危险点分析和风险预控，组织作业人员学习感应电防范知识，增强辨识感应电危害的能力，提高自我防护意识和安全技能。

（6）有关领导和管理人员要到岗到位，加强作业现场安全监督检查，严肃查纠违章。

［案例8］ 检修人员在变电站临近带电设备抛掷工具造成电网事故

一、事故经过

事故前，某供电公司发布了五级风险预警，并通知用户制订了孤网运行等预控措施。

3月17日18时20分，送变电施工人员在检查220kVⅠ、Ⅲ母分段间隔靠Ⅲ母侧绝缘子连接螺栓及销子时，高空作业车停放在Ⅰ、Ⅲ母分段母线间隔，施工人员柴××（劳务派遣工）向高空作业车车斗抛掷个人保安线，现场监护人员立即大喊制止他，柴××不听监护人员制止，再次向高空作业车车斗抛掷个人保安线，个人保安线在抛掷过程中因安全距离不够，引起母线下方的凤阳一线23833隔离开关动触头（带电）对分段间隔22533隔离开关至Ⅲ母的连接线放电，Ⅳ母差动保护动作，跳开220kV凤阳一、二线、凤嘉一、二线，220kV昭阳变、嘉润变、嘉润电厂3个厂站全停。

二、事故原因及暴露问题

柴××向高空作业车车斗抛掷个人保安线造成一组隔离开关触头与另一组隔离开关至母线连接线安全距离不够引起放电。

三、防范措施及要求

（1）各级职能部门和基建、运行、检修单位必须切实把关，坚决杜绝现场违章作业导致的电网安全事件。现场安全失控、违章制止不力、业务外包管理不规范等问题。

（2）公司系统各单位要深刻汲取教训，举一反三，全面排查检修作业安全隐患，全面强化电网运行风险预警管控，坚决杜绝电网安全事故和人员责任事件。

（3）严格落实风险预警预控措施，切实保障电网运行安全和作业安全。

（4）切实加强作业现场管控，认真落实岗位责任制。严格"三种人"管理，强化关键岗位职责，安监部门、专业管理部门、运行单位要各负其责，到岗到位，严格管控现场作业安全秩序。

（5）认真执行Q/GDW 1799.1—2013《国家电网公司电力安全工作规程　变电部分》，

落实现场安全防护措施，规范个人保安线、接地线等使用管理。针对邻近或交叉跨越带电体附近作业，必须开展现场勘查和危险点分析，进行充分的安全技术交底。加大反违章工作力度，及时纠正、严肃处理各类违章行为，营造全员遵章守纪的氛围。

(6) 规范基建、检修等业务外包、外委管理，加强对劳务派遣人员安全教育和技能培训，春查开工前必须开展 Q/GDW 1799.1—2013《国家电网公司电力安全工作规程　变电部分》培训和考试，没有培训和考试的一律不得进场。

［案例9］　某公司检修人员擅自扩大工作范围造成人员触电身亡事故

一、事故发生经过

10月23日，某公司变电检修室拟开展某110kV变电站10kVⅠ段母线绝缘套管更换作业，办理了电气第一种工作票，工作负责人为×乐（检修班班技术员），工作班成员为王×（死者，男，29岁，检修班班长）、×峰、闵×、徐××、刘×等5人。王×同时兼任工作票签发人。

10月24日上午，变电站值班人员按工作票要求，将10kV配电室内10kVⅠ段母线由冷备用转检修，并按工作票要求执行了安全措施。10时13分，工作票许可人刘×与工作负责人×乐共同检查了安全措施，履行了开工手续。

10时20分，工作负责人×乐按工作票要求，在10kV开关室内向工作班成员进行了安全交底，布置了工作任务。随后正式开始作业，×乐带领闵×、徐××在10kVⅠ段513、514、515间隔柜顶上拆卸上盖板，刘×拆卸上述间隔的后柜门，王×与×峰配合完成了检修工具和3只绝缘套管的传递工作。此后，王×带领×峰进行了10kVⅠ段工作电源进线501开关的预试工作，该作业不在工作票范围内。501开关柜上触头连接10kVⅠ段母线，不带电；下触头连接1#主变低压侧，带电。开关拉出后，上、下触头均由活门挡板隔离。

11时10分，×峰按照王×安排对501开关进行清灰作业。现场作业人员听到响声，发现王×上半身处于501开关柜内，右手臂和安全帽着火，初步判断发生了人员触电，经抢救无效死亡。

二、事故原因及暴露的问题

(1) 工作班成员王×在安全条件不满足的情况下，违章进入电压等级为10kV的501开关柜，触碰带电的下触头，发生触电事故。

(2) 工作班成员擅自扩大工作范围。10kVⅠ段母线绝缘套管更换工作票并不包含501开关预试任务。王×作为工作班成员，擅自扩大工作范围，增加工作内容，违反 Q/GDW 1799.1—2013《国家电网公司电力安全工作规程　变电部分》第6.3.8.8条"在原工作票的停电及安全措施范围内增加工作任务时，……若需变更或增设安全措施者，应填用新的工作票，并重新履行签发许可手续"之规定。

(3) 现场作业监护不到位。工作票负责人×乐未对现场作业人员进行有效监护，未及时发现和制止王×超出工作范围作业，违反 Q/GDW 1799.1—2013《国家电网公司电力安全工作规程　变电部分》第 6.5.3 条"工作负责人、专责监护人应始终在工作现场，对工作班成员进行监护。……部分停电时，只有在安全措施可靠，人员集中在一个工作地点，不致误碰有电部分的情况下，方可参加工作"之规定。

（4）现场安全措施不完善。许可人刘×明对工作票安全措施审查不严，未补充必要的安全措施；在会同工作票负责人核验安全措施时，未对工作地点保留带电部分或注意事项进行指出说明，违反了 Q/GDW 1799.1—2013《国家电网公司电力安全工作规程　变电部分》第 6.3.11.3 条工作许可人 d 款"对工作票所列内容即使发生很小疑问，也应向工作票签发人询问清楚，必要时应要求作详细补充"之规定。

（5）该公司工作票制度形同虚设，票权人均未按规定履行职责。工作票签发人未对工作地点保留带电部分进行风险辨识、制定安全措施。工作票许可人未对工作地点保留带电部分进行说明、补充安全措施。工作负责人直接参加检修作业，未有效履行监护职责，未及时发现、制止工作班成员的违章行为。工作票签发人同时担任工作班成员，擅自扩大工作范围，违章作业。

（6）安全意识淡漠，对安全管控基本要求有章不循。工作班在开工前虽然对工作班成员进行了危险点分析并制定了预控措施，但死者王×没有认真执行。

（7）没有认真汲取历史事故教训，再次发生人身伤亡事故。该公司上一年发生人身伤亡类似事故，未有效落实事故调查"四不放过"要求，事故警示教育流于形式，未深刻汲取事故教训，未扎实提升安全生产意识，工作票制度、危险点分析与预控措施没有得到有效贯彻、严格执行。

三、整改措施

（1）完善安全生产保障与监督体系。各有关企业必须严格落实"主要负责人是安全生产第一责任人""管生产必须管安全"的要求，在领导班子有关安全生产职责分工中强化衔接配合、补强薄弱环节。严格开展"反三违"工作，狠抓习惯性违章治理，及时发现、制止生产现场的违章行为，依规严格考核、惩处。各级安全生产管理人员要按规定到岗到位、履职尽责，监督指导落实各项安全技术措施。

（2）严格执行工作票管理制度。对照 Q/GDW 1799.1—2013《国家电网公司电力安全工作规程　变电部分》的工作票制度要求，全面开展工作票执行情况专项检查，对工作票程序执行不严、无票作业、超范围作业、安全措施不到位、安全交底不深入等情况，深入排查，落实整改，严肃考核，推动安全职责落实到位，不打折扣。全面梳理检查工作票"三种人"资质、资格情况，加强培训，严格考核，促进履职尽责。

（3）严格执行人身安全风险分析预控制度。每人、每天、每项作业前都填写人身安全风险分析预控本，确保预控措施制定及落实到位，人身安全风险分析到位，切实做到"没有风险分析不进入现场，没有风险分析不开展作业"。企业各级负责人按规定要求进班组检查人身安全风险分析预控情况，严肃查处不填、代填、敷衍填写预控本的个人、班组和部门。

（4）深刻汲取事故教训。该公司要切实转变意识，提高站位，深刻汲取事故教训，深入开展事故警示教育。要理顺安全生产工作体制机制，全面加强两票执行、风险预控、反违章管理、安全教育等安全生产基础管理。

（5）变电站运行人员应尽到工作许可人的职责，在完成施工现场的安全措施后，会同工作负责人到现场再次检查所做的安全措施，对具体的设备指明实际的隔离措施，证明检修设备确无电压。同时对工作负责人指明带电设备的位置和注意事项。

［案例 10］　某 35kV 变电站因生活用电使用不当发生职工触电身亡事故

一、事故经过

某 35kV 变电站于 2001 年 7 月 31 日投运，属于老旧变电站。变电站院内照明不能满足工作需要。8 月 5 日上午，站长韩××、苗××等 5 名职工擅自在变电站院墙上安装低压照明碘钨灯一只，且安装极不规范。中午，苗××在变电站院内拉接铁丝晾衣服时触碰到与碘钨灯金属外罩，造成触电，经抢救无效死亡。

二、事故原因及暴露问题

（1）变电管理处对变电站生活用电管理监督不力。

（2）变电站运行人员没有执行国家、行业对变电站安全管理的规定私拉乱接照明电器。

（3）当事人安全意识不强，自接照明不合安全规范，自食其果。

（4）施救人员触电急救方法不当，使触电人员失去生存机会。

（5）上级单位未能对本单位职工用电知识全面普及，培训力度不够。

三、防范措施及要求

（1）局属各单位加大对变电站生活用电管理监督力度，对所辖变电站生活用电进行一次彻底清查，及时发现隐患，及时整改，制定《变电站生活用电管理制度》并严格执行。

（2）变电站值班人员应严格执行国家、行业对变电站安全管理的规定，确保生产、生活安全。

（3）开展安全教育活动，学习业务知识，增强变电站值班人员的安全意识。

（4）全员进行触电急救仿真培训，确保每一个职工都熟练掌握触电急救法。

第二节　设 备 案 例 分 析

［案例 11］　某变电站 1♯主变保护零序方向过电流 I 段拒动事故

一、事故经过

2 月 17 日 20 时 57 分，某变电站 A 110kV L1 线 29♯铁塔户外电缆终端头发生 C 相接地转 B、C 相两相永久性接地故障，110kV 线路开关跳闸，重合不成功后，110kV 线路接地距离和零序Ⅱ段保护后加速动作，第二次跳闸时，开关拒动，造成该站 1♯主变压器三侧断路器、2♯主变压器高压侧断路器越级跳闸。随后，与变电站 A 通过 110kV L2 线相连的 110kV 变电站 B 内的 1♯主变压器、2♯主变压器间隙过电压保护跳闸。

二、事故原因及暴露问题

故障前变电站 A 1♯、2♯主变压器并列运行，220kV、110kV 中性点均在 1♯主变压器接地，220kV 母线并列运行，110kV 母线并列运行。故障前变电站 A 主接线示如图 4-2 所示。

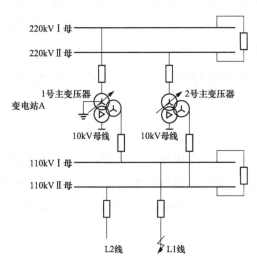

图 4-2　故障前系统接线示意简图

110kV 线路发生永久接地故障，断路器拒动后，按保护配合原则，1♯主变压器 110kV 侧零序方向过电流Ⅰ段保护应动作，但 1♯主变压器零序方向元件接反，将正向故障判为反向，导致 1♯主变压器零序方向过电流Ⅰ段保护拒动（4.5A 1.5″跳母联 2.0″跳本侧），110kV 母联断路器和 1♯主变压器 110kV 侧断路器未跳闸，当故障持续 4s 后，由不带方向的零序过电流保护动作，跳开 1♯主变压器三侧断路器，1♯主变压器三侧断路器跳开后，该变电站 110kV 系统变为不接地系统，当时 110kV 线路故障依然存在，中性点不接地的变压器在中性点产生过电压，因此与该站通过 110kV L2 线相连的变电站 B 内的 1♯主变压器、2♯主变压器间隙过电压保护达到动作定值而跳闸。

由于变电站 A 110kV 母联断路器未设专用母联保护，在此种情况下无法跳闸，使得 2♯主变压器与故障点无法隔离，此时故障进一步转换为 BC 相永久性接地故障，2♯主变压器通过高压侧复压过电流保护动作，2♯主变压器高压侧断路器跳闸。该站 110kV 母线全部失压。

三、防范措施及要求

（1）保护人员应按规程规范的要求认真做好继电保护定期校验工作，对各类继电保护装置方向元件的正确性要认真复核，并对装置进行带开关传动，确保装置正确动作。

（2）保护人员在装置说明书不够详细的情况下，应主动与保护生产厂家沟通，对有疑问的地方要求厂家以书面的形式交代清楚。

（3）在今后基建、更改项目中，为避免方向接反，主变压器零序后备保护的方向元件不宜接中性点电流互感器，其方向元件应通过保护装置自产 $3U_0$、$3I_0$ 实现。

（4）生产部尽快对带有重要负荷的双母线接线方式的变电站进行排查整改，母联断路器均应装设专用的母联保护。

［案例 12］ 某变电站 1♯主变差动保护误差过大动作跳闸（天气状况为雷暴雨）

一、事故经过

6 月 21 日 12 时 50 分白某站监控后台机发白某站 104 通道退出，运行人员检查发现 1♯主变压器 10、35、110kV 三侧断路器均跳闸，10kV 馈线 914 断路器电流速断跳闸，主变中低压侧后备保护装置显示复合电压保护动作。检查 1♯主变差动保护装置无异常告警，进入装置事故报文菜单有告警内容"12 时 51 分比率差动保护 C 相动作，同时直流正极接地，正（十）对地 0V，负（一）对地 218V"。

22 日 10 时 35 分经修试处人员检查试验，1♯主变各项试验指标正常，更换 1♯主变差动保护装置采样板及液晶显示屏；跳闸原因为 1♯主变差动保护装置采样板异常误差大，同时当天 914 线路故障，判别为穿越性故障造成主变差动保护误动作跳闸。

二、事故原因及暴露问题

（1）经修试处人员检查试验，1♯主变差动保护装置采样板异常误差大，当天 914 发生线路故障，装置误判为穿越性故障，造成主变差动保护动作跳闸。

（2）扩大事故。10kV 馈线 914 线路故障跳闸导致 1♯主变压器、35kV 1♯母线及出线、10kV 1♯母线及出线失电。

（3）保护装置采样元件误差大，在春查、秋查保护传动中未发现，负责保护专业的人员工作不认真。

三、防范措施及要求

（1）前期采购设备时对工艺精细度要求不严，加强设备采购环节的把关。

（2）保护人员对管辖所有保护装置进行一次专业性缺陷及隐患排查。

（3）加强对继电保护专业的培训，提高专业水平。

（4）加大事故发生后责任人员考核力度，提高春检、秋检的检修质量。

［案例 13］ ××段××变电站 2111 隔离开关拒动故障

一、事故概况

7 月 26 日 17 时 19 分，××变电站 211 馈线送电，电调远动合 2111GK 拒合，17 时 22 分电调下令站内在控制盘上合闸失败。

17 时 25 分电调投入备用开关 2112、21B 送电成功。21 时 42 分检修车间到达站内检查 2111 隔离开关二次回路，室内设备都正常，当检查 2111 隔离开关机构箱时，发现合闸接触器卡滞，调整后，经电调同意在机构箱电动分合闸正常，在控制盘上分合闸正常。21 时 58 分电调远动合闸正常。22 时 01 分电调远动退出 21B、2112GK，投入 211、2111GK。

二、原因分析

隔离开关合闸接触器卡滞，电机电源回路无法导通，造成远动合闸拒动。

三、采取的措施

（1）值班员要加强业务学习，提高故障判断能力，能自己处理的故障自己处理，缩短故障抢修时间。

（2）加强对设备的巡视检查，确认设备的技术状态，对可能影响牵引供电设备安全运行的设备隐患及时上报，及时处理。

（3）运行出现的问题要进行彻底、深入的分析。

［案例14］ 长×变电站直流电源蓄电池无输出故障

一、事故经过

2017年6月28日11时45分，长×变电站运行人员对蓄电池进行充放电容量检查试验。直流屏关闭交流电源后，蓄电池单独供电（放电）状态下，对每一个蓄电池电压进行测量查看每个蓄电池电压是否低于规定值来进行容量检查。

办理好工作票，值班员崔某断开直流屏的交流电源后约3min，直流屏处发出异常音响，直流控制母线、信号母线、合闸母线电源全部消失。随后退出了蓄电池组，将备用电池组接入直流盘，23时05分直流屏恢复正常供电，但监控仪显示整流模块充电方式与电池充电状态不符。

6月29日12时00分，检修人员到长×变电站对直流电源设备进行了认真的测试检查。直流盘上四只整流模块工作正常，从整流模块至蓄电池及合闸母线之间的连线连接牢固正常。对退出运行的蓄电池进行充放电试验，两组蓄电池整组均无输出，检查发现1♯蓄电池组第17♯电池内部损坏无任何输出，2♯蓄电池组第14♯电池内部损坏无任何输出。

拆除1♯蓄电池组第17♯损坏蓄电池，对剩余其他电池进行充放电试验，其中第2、9、10、11、12、14♯电池放电10min电压即下降至7~9V，单独充电容量不能恢复。进一步检查发现该组蓄电池已运行蓄电池运行4年多，设计使用寿命3~5年，电池容量下降后个别电池不能修复。

拆除2♯蓄电池组第14♯损坏蓄电池，对剩余其他电池进行充放电试验，充电1h后整组电压238V，用恒定6.5A电流放电1h整组电压220V，单只电池电压均在13V左右，说明剩余电池容量正常。

根据检查结果，将2♯蓄电池组剩余电池重新接入直流Ⅱ回路，将备用蓄电池接入直流Ⅰ回路，整个直流系统恢复正常。但在运行观察中发现直流电源监控器存在不能自动均、浮充转换的问题，需手动复位才能转换为均充电。

二、事故原因及暴露问题

（1）由于长×变电站1♯蓄电池组第17♯蓄电池在2006年6月28日运行中上盖开裂，

检修人员对该电池端电压进行测量后认为正常，没有及时拆除和更换，该蓄电池在运行中排出氢气、氧气、水蒸气、酸雾，运行时间不长因内部干涸失效而开路。

（2）由于充电机不能自动转换为均充电，2#蓄电池组一直在浮充状态下充电不足，因长×变电站真空断路器为电磁操作机构，合闸操作时蓄电池大电流放电，长时间运行负极逐渐钝化，造成14#蓄电池损坏开路。

（3）检修人员在2006年处理1#蓄电池组第17#蓄电池上盖开裂缺陷时，没有采取拆除和更换措施，春检过程中对蓄电池没有按规定进行核对性充放电，造成直流屏隐患没有被及时发现，直至发生2007年6月28日直流电源蓄电池无输出故障。

（4）根据检查结果，交流电源失压后无直流输出的原因是两组蓄电池中各有1块蓄电池内部开路造成整组蓄电池无输出。

三、防范措施及要求

（1）技术部门制定的蓄电池日常测试办法存在不足，测试时值班人员在断开蓄电池充放电回路的状态下进行，而不是在蓄电池进行一定的放电后进行测试，造成日常测试时不能及时发现蓄电池内部开路的缺陷。

（2）变电所值班人员每个月应对所有蓄电池进行一次电压检测，检测时必须关闭充电机交流电源，仅由蓄电池带负荷放电30min后，再进行测试。

（3）修试人员应按照蓄电池检修工艺，每两年由对蓄电池进行一次核对性充放电试验，以发现蓄电池内部隐形缺陷。

［案例15］ 某电业局测控装置故障造成220kV某变电站220kV A 线251断路器跳闸

一、事故经过

2016年7月12日10时32分，220kV某变电站220kV A线251断路器跳闸，保护未发任何信号，运行人员到保护室和断路器场地进行巡视检查均未发现异常情况，10时45分汇报中调，于10时48分恢复220kV某变电站220kV A线251断路器运行。

11时继电保护人员到现场检查保护设备、测控设备、开关设备运行情况，13时打开220kV A线251断路器测控装置面板，闻到焦味。运行人员随后向调度申请退出测控装置进行检查，发现220kV A线251断路器测控装置内部开出板S3继电器（跳闸出口）的印刷电路有烧焦痕迹，用手触摸印刷电路板温度较高，判断为测控装置内部开出板在运行过程中温度过高，造成S3继电器损坏。同时对外回路进行检查，发现S4继电器（跳闸出口）背板接线端子6、8处因多股铜导线压接工艺不良造成金属丝短路。

二、事故原因及暴露问题

（1）经综合分析确认本次220kV A线251断路器跳闸的原因是测控装置在运行过程中温度过高，使得装置内部开出板S3继电器损坏造成接点接通，且测控装置S4继电器接点在背板接线端子 6、8 原已短接，造成跳闸回路连通，直接将开关跳闸。

（2）厂家设备生产工艺粗糙，保护安装时修试部门、调试部门、运行部门验收不到位。

三、防范措施及要求

（1）运行人员巡视不认真，对于隐患设备不能及时发现，加强巡视纪律。

（2）变电管理处尽快组织培训，安排运行经验丰富的师傅对青年员工讲解现场实际工作技能知识，加强培训，提高巡视质量。

［案例 16］ 施工验收不到位，监盘不到位，引起 220kV 1♯母线母差保护动作

一、事故经过

2012 年 5 月 5 日至 10 日安排 220kV ××变春查检修。平时 220kV Ⅰ 母线带 1♯、3♯主变压器运行，220kV Ⅱ 母线带 2♯、4♯主变压器运行；220kV Ⅰ、Ⅱ 母线并列运行，母联断路器电流小于 200A。5 月 5 日至 7 日安排 1♯、3♯主变压器停电检修，此时母联断路器电流大于 1000A。2012 年 5 月 7 日 0 时 06 分，220kV 母联 2121 隔离开关（型号：GW6H-252DW）A 相静触头固定金具与环形引流线连接处接触不良，在近期大电流作用下发热、放电烧蚀，导致 A 相环形引流线烧断起弧，引发 A、B 相间短路，造成 220kV Ⅰ 母母差保护动作，220kV Ⅰ 母失电，甩负荷 46MW。

二、事故原因及暴露问题

（1）测温工作不规范。在发生故障前几天，气温持续升高，且两座变电站故障设备所在间隔负荷急剧增长。运行人员在故障前一两天均对变电站内设备进行了红外普测工作，但没有重点对故障间隔（负荷波动较大）设备进行针对性的测温，因此未能及时发现设备接触不良过热隐患。

（2）隔离开关环形引流线连接工艺不良。该变电站母联 2121 隔离开关静触头杆与环形引流线连接金具的线夹没有预留夹紧调整裕度，长期运行中易发生松动。此类环形引流线连接金具存在过热隐患，需要作为危险点加以关键控制。

（3）生产运行维护管理需要加强。故障调查期间，该变电站又发现 220kV 251 A 线 2512 隔离开关发生转动轴节发热冒烟。对早期单柱单臂型产品，公司反措要求进行导电部分完善化改造，但该站并未执行到位，220kV 251 A 线 2512 隔离开关发生转动轴节发热冒烟更加说明此变电站同型号隔离开关急需改造。

（4）事故隔离开关静触头紧固螺丝松动。基建施工单位工作不认真、监理单位全过程质量把关不力，工程质量差，竣工验收把关不严，留下安全隐患。

三、防范措施及要求

（1）进一步加强测温工作。加强设备巡视测温工作，加强站内负荷监视，提高温度及负荷变化的敏感性，要安排特巡和夜间熄灯巡视。除计划普测外，特别要针对运行方式、

负荷变化、检修投运、环境气温的变化等情况，安排重点间隔、关键设备、关键部位的巡视监测，及时发现隐患，并做好记录。同时加强运行人员业务培训，掌握好测温技术，提高测温实际效果。

（2）认真检查设备，严格执行反措。该变电站故障间隔恢复处理时在静触头接线压板与环形引流线连接处增加铝包带，以保证连接质量。有关隔离开关静触头连接，公司将制定完善反措，要求各单位在春查中对有该连接方式的隔离开关要重点进行检查，落实措施。对早期单柱单臂型隔离开关，加快进行技术改造，彻底解决安全隐患。

（3）审核完善保护二次回路。母线保护动作后，除一个半断路器接线外，对不带分支且有纵联保护的线路，应传送远方跳闸信号使对侧加速跳闸并闭锁重合闸。加强故障录波装置日常维护工作，保证故障时录波数据完整有效。

（4）加强母线故障的防范控制，保证电网稳定运行。变电站母线故障波及面大，停运设备间隔多，在故障叠加时可能诱发大的电网事故，造成更大范围的停电影响，这起变电站母线故障对生产运行敲起警钟。对涉及可能导致母线故障的关键设备、重要保护装置要加强产品入网把关，选用具有成熟制造经验和良好运行业绩的制造厂的产品。要汲取国内多起电流互感器故障造成母差保护动作的教训，认真研究并落实重点技术监督措施、反事故措施。

（5）加强基建全过程安全质量管理。基建管理单位、监理单位要加强工程质量把关。生产验收各部门均要严格程序和规定，不留死角。

（6）规范设备检修。特别是新投运一年后的预试检修工作，及时对螺丝进行紧固，全面进行项目预试检查，及时发现并处理缺陷。

[案例17] 220kV某变电站站用变压器相序不正确导致3、4♯主变压器跳闸事故

一、事故经过

某变电站运行方式：1♯主变接220kVⅠ母、110kVⅠ母、35kVⅠ、Ⅱ母运行，2♯主变接220kVⅡ母、110kVⅡ母、35kVⅢ母、Ⅳ母运行，3♯主变接220kVⅠ母、35kVⅤ、Ⅵ母运行，4♯主变接220kVⅡ母、35kVⅦ、Ⅷ母运行。1♯站用变接35kVⅠ母带负荷运行；2♯备用站用变由110kV沙圪堵变电站923鑫利源线接带，空载运行。

2014年11月22日，该220kV变电站进行倒站用变操作，为次日站内检修工作做准备（1♯主变及35kVⅠ母、Ⅱ母由运行转检修，因1♯站用变压器由35kVⅠ母接带，所以将1♯站用变负荷倒2♯备用站用变接带），19时30分操作完毕后，出现了UPS、保护室网络设备屏、远动通信及电源屏、通信管理机、主控室监控机、后台机、五防机全部失电现象，变电站和调控中心均失去对设备的监控。运行人员现场检查1、2、3、4♯主变风冷装置未停运，并开始对失电设备原因查找。20时30分，3、4♯主变风冷全停延时跳闸保护出口，

3、4#主变两侧断路器跳闸（3、4#主变为双绕组变压器），汇报调度并通知有关人员。局领导及相关部门、检修人员到现场后，经现场检查3、4#主变无异常，初步分析为站用变电源相序错误，紧急处理后，于22时33分恢复3、4#主变及35kV系统运行。

二、事故原因及暴露问题

（1）该220kV变电站2#站用变相序错误是造成此次事件的直接原因和主要原因。11月21日，供电分局把原带该变电站2#站用变的10kV配电线路由110kV沙某变电站912纳A线切改至923鑫B线（新切换线路为电缆连接），切改后未按规定及该工作的"施工三措"要求进行核相，导致该220kV变电站2#站用变相序错误。22日该变电站在进行1#站用变倒2#站用变运行后，3、4#主变因相序错误启动风冷全停延时跳闸回路，1h后保护出口跳闸。

（2）运行人员业务不熟悉、现场检查不到位、应急处置不及时，是造成本次事件的重要原因。该变电站在进行1#站用变倒2#站用变运行后，出现了UPS、保护室网络设备屏、远动通信及电源屏、通信管理机、主控室监控机、后台机、五防机全部失电现象，当值变电运行人员指派了一名工作不到2年的新入值人员到现场检查，未及时发现主变风扇反转、油流继电器抖动等异常情况，延误了对事件的准确判断和快速处置。变电和调度两级运行人员在监视不到任何信好的情况下，未能从电网安全方面充分考虑是否因配电线路切改引起，并快速采取接入UPS电源屏柜内交流旁路电源带出后台机等失电设备进行果断处置，延误了宝贵的处理时间，造成了主变延时出口跳闸事件的发生。

（3）该变电站3、4#主变风冷控制箱厂家设计图回路接线与施工设计图纸不符，且厂家设计图存在相序错误时不切断风冷电源造成风扇反转不易发现，为安全生产埋下了隐患。

三、防范措施及要求

（1）规范各分局配网管理，对各生产管理环节进行梳理，严肃输配电线路安全生产管理规定等规章制度的执行和落实，规范工作流程，严格工作计划管理，杜绝有章不循、有规不守、工作漏项等违章作业行为。

（2）强化电网风险管控、标准化作业和设备异动管理。对于新建、扩建、改建等工作使原技术参数发生变化的，必须按规定报调度部门进行继电保护定值核算和履行批准启动等程序后，方可投运。

（3）强化调度管理职能，提高电网安全风险意识。加强重要用户管理，严禁擅自变更设备运行方式。

（4）在该变电站3、4#主变接带的35kV母线出线间隔新增一台站用变，以提高变电站站用电源供电可靠性。

（5）对所有变电站内UPS接带负荷进行排查，优化UPS供电方式，论证将网络交换机和保护、远动管理机等综自系统通信网络设备更换为直流供电的可行性，确保交流失电、UPS故障时，综自系统网络不受影响，调度主站通信通道正常。

（6）严格《调度规程》《变电站现场运行规程》《变电设备检修规程》以及安全生产规章制度执行的严肃性，完善现场运行规程，修编完善变电站站用变压器倒停、UPS失电等突发事件处置预案，加强 UPS 日常运行维护检查，强化运行人员专业技能培训和应急演练，提高运行人员处置突发事件应对能力。

（7）严格到岗到位标准落实，规范工作人员作业行为，提高检修、巡查工作质量，确保隐患能够早发现、早消除。

（8）对全局各变电站主变风冷控制箱图纸进行全面核查，并经充分论证后完善风冷控制回路。

［案例 18］ 关于永某 220kV 变电站永某Ⅲ线 257 断路器跳跃事故

一、事故经过

2018 年 6 月 10 日，永某 220kV 变电站 257 永某Ⅲ线线路发生 C 相接地故障，两侧线路保护动作跳开 C 相断路器，随后重合于故障并跳开两侧断路器。永某Ⅲ线跳闸后现场检查发现，永某变永昭Ⅲ线 257 断路器 C 相分位，A、B 相合位；对侧昭君变永某Ⅲ线断路器三相分位。

二、事故原因及暴露问题

（1）永某Ⅲ线 257 断路器采用操作箱防跳回路，在重合于故障断路器三相跳闸时操作箱防跳功能未启动，导致断路器发生跳跃现象，A、B 相断路器再次合闸。在重合闸指令持续 120ms 的过程中，257 断路器完成 C 相重合（约 60ms）、三相跳闸（约 20ms）以及 A、B 相断路器再次合闸的过程，C 相断路器因完成了一个分合分周期无操作储能故未合闸。

（2）257 断路器采用 JFZ-12F 型操作箱的防跳回路，防跳原理为利用跳闸回路中的电流继电器 TBJ 启动防跳，TBJ 启动电流出厂默认为 0.6A，可通过取消插件跳线将启动电流调整为 0.3A。由于 257 断路器（ABB 生产）的跳闸线圈阻抗较大，其跳闸电流约为 0.6A，与操作箱中 TBJ 启动电流相近（现场采用出厂默认值），即断路器跳闸时 TBJ 继电器动作不可靠，断路器可能发生跳跃现象。

（3）通过断路器防跳功能传动试验，进一步验证了 257 断路器防跳功能不可靠。

三、防范措施及要求

（1）尽快开展断路器防跳功能排查整改工作，对于具备本体机构防跳功能的断路器，防跳功能应由断路器本体机构实现；对于不具备本体机构防跳功能的断路器，防跳功能由操作箱防跳回路实现，但需检查确认操作箱防跳回路与断路器跳闸线圈的匹配问题，确保断路器具备可靠的防跳功能。

（2）结合检修停电机会，进行断路器防跳功能传动试验，保证在模拟手合于故障条件下断路器不会发生跳跃现象。

（3）新安装断路器、新更换断路器操作箱时，应进行断路器防跳功能传动试验，确保断路器防跳功能正确投入。

（4）各生产单位认真学习事故通报，掌握事故发生原因，汲取教训，杜绝同类事件再次发生。

[案例 19]　某局 220kV 乌某变隔离开关绝缘子断裂事故

一、事故经过

2014 年 11 月 2 日 8 时 13 分 220kV 乌某变 2522 隔离开关 A 相支持绝缘子突然断裂，隔离开关掉落，造成 220kV 母线短路故障，Ⅱ母线失电。

检查发现：2522 隔离开关及 2521 隔离开关三相支持绝缘子商标被刮掉，同型号隔离开关支持绝缘子 2008 年曾发生过断裂故障。

二、事故原因及暴露问题

经某局生产部、安监部对事件进行分析得出结论：隔离开关上导电管（螺栓处，动触头的拐臂与上导电管连接处存在缝隙）连接部位密封不严，长期进水积满后遇突然降温结冰产生胀力将导电管从连接处撑出，支持绝缘子受力不均匀断裂。

三、防范措施及要求

（1）各单位立即检查该厂同批次同型号隔离开关在用情况，并将情况报上级公司安监部、生技部。

（2）为防止造成人员伤害，针对该厂同批次同型号隔离开关在倒闸操作时必须采用远方操作，禁止就地操作。运行维护、巡视检查设备时运行人员应选择相对安全的位置。

（3）选择良好天气对该厂同型号隔离开关进行详细检查，判断导电管是否进水，导电管位置有无异常变化（特别是动触头的拐骨与上导电管连接处的缝隙是否变化较大）。

（4）因不排除支持绝缘子存在质量问题，各单位应重点检查该厂同批次同型号隔离开关绝缘子的运行工况（重点是绝缘子与底座的连接情况及生产厂家等），将检查情况建档上报。

（5）针对此次事件中设备绝缘子商标被刮情况，今后凡设备停电时要详细核查停电设备的绝缘子商标铭牌并建档备案。

[案例 20]　某局杨某变 220kV 隔离开关自动分闸

一、事故经过

2014 年 6 月 9 日 21 时 36 分杨某 220kV 变电站进线 254 宁杨线母线侧隔离开关突然放电拉弧，254 宁杨线带负荷分开，导致全站失电。现场检查 2542 隔离开关处于半分半合状态，刀闸轻度烧伤，站内其他设备无异常。经现场调查为 2542 隔离开关二次控制电缆缆芯接地，造成电动机启动，2542 隔离开关带负荷分开，10 日 2 时 15 分送出站内全部负荷，恢复到原运行方式。

二、事故原因及暴露问题

（1）控制电缆绝缘不良及铜芯裸露（80m 的有 10 处之多）。

（2）电缆缆芯接头工艺不合规范，接头之处使用简单缠绕，不符合工艺要求。

（3）二次控制控制电缆绝缘摇测试验报告不真实。

（4）从设计图看，N-A 接线与厂家安装要求 A-N 的不符。

（5）整个站内除 35kV 系统外开关与刀闸无电气防误闭锁。

三、防范措施及要求

（1）更换全部二次控制电缆。

（2）根据设计院设计图纸变更已将 N-A 变换为 A-N 接线。

（3）在变电站倒闸操作时，隔离开关操作完成后切断电机电源，在操作隔离开关前给上电机电源，并将此项目写入操作票。

（4）加强新投站的设备验收工作，及时发现设备运行隐患，及时上报解决。

（5）加强红外线成像测温工作，及时更换 2542 隔离开关。

（6）加强隐蔽性工程管理，后期发生原则性问题予以监理人员严厉追责考核。

［案例 21］ 保护反接，风冷电源消失并不能自动切换导致主变跳闸事故

一、事故经过

2013 年 2 月 19 日，棋盘井 220kV 变电站事故前运行方式正常（单台主变运行），有载调压装置分接开关在"17"位置，主变有功 10.1MW，温度 58℃，事故前未发任何预告信号。

19 时 06 分后台机发事故告警信号，主变三侧断路器 351、101、201 跳闸。后台机报"220kV 故障录波器启动""1#主变压力释放阀 1 动作""351 保护跳闸""101 保护跳闸""201 断路器分相操作箱第一组出口跳闸""391 电容器低电压动作"。1#主变保护 A 屏装置"保护动作""本体信号""本体跳闸"信号灯亮，无报文。当值运行人员立即对主变本体进行检查，未发现 1#主变本体压力释放阀异常、气体继电器内无气体、故障录波器启动无事故报告，所录波形正常。2 月 20 日 1 时 49 分 1#主变恢复正常运行并送出 35kV 各出线。

修试人员现场对主变及保护非电量启动跳闸回路进行试验及传动检查，1#主变本体线圈直流电阻合格，绝缘电阻合格。将"压力释放阀出口跳闸压板"在退出位置，现场传动压力释放，发现后台机显示为"风冷全停延时跳闸动作"信号；而在传动风冷全停延时跳闸时，后台显示为"压力释放阀"信号，本体瓦斯保护传动正常。检查风冷装置发现冷却器 I 段工作电源运行时冷却装置不能启动，跳闸前冷却装置在 I 段工作电源运行，自动投切把手在投位置。按照设计要求，当 I 段工作电源失电后应能自动切换为 II 段工作电源，而且后台机应发"冷却器故障或 I 段工作电源故障"信号。同时检查还发现 I 段工作电源

交流接触器1KM和分段接触器KM线圈烧坏，造成Ⅰ段工作电源故障，并未能发"冷却故障"信号，造成1#主变风冷全停，从而导致1#主变三侧断路器跳闸。

二、事故原因及暴露问题

（1）继电保护厂家安装人员疏忽大意，责任心不强，错把"压力释放阀"信号与"风冷全停延时跳闸动作"信号接反，而变电修试处继电保护人员在验收时未对这两个保护进行传动试验是事故主要原因。

（2）运行人员在事故前也没有巡视检查设备以致未及时发现风冷装置电源消失，没有进行Ⅰ、Ⅱ段工作电源的切换而造成冷却器全停导致主变跳闸是事故发生另一原因。

三、防范措施及要求

（1）修试管理处继电保护人员迅速制定计划，在春检期间将所有管辖变电站全部保护进行认真仔细传动一遍，发现问题及时处理。

（2）今后变电站启动和新设备投运时，组织变电修试处、基建处调试人员、运行管理处三方一起对设备继电保护进行整体验收。验收时应认真逐相进行传动试验，核对实际情况。

（3）加强各级人员责任感，不能因一时疏忽大意而造成严重的后果。一旦发生严重后果必须追责考核。

（4）运行人员应不定期的巡视检查设备的运行情况及时发现问题排除事故隐患。在日常工作中应发现Ⅰ、Ⅱ段风冷工作电源不能自动切换及时上报，要求尽快处理。

（5）加强专业技术培训，提高运行人员专业技术水平。

第三节　操 作 案 例 分 析

［案例 22］　某供电公司"4·12"10kV 带接地线合隔离开关恶性电气误操作事故

一、事故经过

2013年4月12日13时20分，变电运行班主值夏××接到现场工作负责人变电检修班陆××电话，"110kV某港变电站10kVⅠ段母线电压互感器及1#主变10kV 101开关保护二次接线工作"结束，可以办理工作票终结手续。

14时00分，夏××到达现场，与现场工作负责人陆××办理工作票终结手续，并汇报调度。

14时28分，调度员下令执行将某港变10kVⅠ段母线电压互感器由检修转为运行，夏××接到调度命令后，监护变电副值胡××和方××执行操作。由于变电站微机防误操作系统故障（正在报修中），在操作过程中，经变电运行班班长方××口头许可，监控人夏××用万能钥匙解锁操作。运行人员未按顺序逐项唱票、复诵操作，在未拆除1015手车断路器后柜与Ⅰ段母线电压互感器之间一组接地线情况下，手合1015手车隔离开关，造成带地线合隔离开关，引起电压互感器柜弧光放电。2#主变高压侧复合电压闭锁过电流Ⅱ段后备保护动作，2#主变三侧开关跳闸，35kV和10kV母线停电，10kVⅠ段母线电压互感器开关柜及两侧的开关柜受损。

二、事故原因及暴露问题

(1) 变电运行人员安全意识淡薄，"两票"执行不严格，习惯性违章严重，违反倒闸操作规定，未逐项唱票、复诵、确认，不按照操作票规定的步骤逐项操作，漏拆接地线。

(2) 监护人员没有认真履责，把关不严，在拆除安全措施后未清点接地线组数，没有对现场进行全面检查，接地线管理混乱。

(3) 防误专业管理不严格，解锁钥匙使用不规范。在防误系统故障退出运行的情况下，防误专责未按照要求到现场进行解锁监护，未认真履行防误解锁管理规定。

(4) 处理缺陷不及时，失去五防这道至关重要的安全关卡。

(5) 2#主变10kV侧保护未正确动作，造成事故范围扩大。

(6) 到岗到位未落实。在变电站综自改造期间，供电公司管理人员未按照要求到现场监督管控。

三、防范措施及要求

(1) 严肃安全责任落实和到岗到位要求，严格执行"两票"，强化防止电气误操作管理，规范现场装、拆接地线和倒闸操作流程。

(2) 认真汲取安全事故教训，结合春季安全生产大检查，深入开展防误闭锁隐患排查治理，全面排查防误闭锁装置缺陷、危险源、风险点和管理隐患。

(3) 变电站综自和无人值守改造是一项复杂工作，安全监督和技术管理部门要深入现场，到岗到位，切实履行职责，加强现场监督，强化风险辨识和危险源分析，确保现场人身和设备安全。

(4) 加强缺陷管理。缺陷报修、处理闭环管理应及时。将五防缺陷消缺纳入重点考核检修人员月度绩效考核指标，并加大考核力度。

[案例 23] 某 220kV 变电站 35kV 带地线送电事故

一、事故经过

某站35kV配电设备为室内双层布置，上下层之间有楼板，电气上经套管连接。

2009年2月27日，进行2#主变及三侧开关预试，35kVⅡ母预试，35kV母联开关的301-2刀闸检修等工作。

工作结束后在进行"35kVⅡ母线由检修转运行"操作过程中，21时07分，两名值班员拆除301-2刀闸母线侧地线（编号20#），但并未拿走而是放在网门外西侧。21时20分，另两名值班员执行"35kV 母联 301 开关由检修转热备用"操作，在执行 35kV 母联开关 301-2 刀闸开关侧地线（编号 15♯）拆除时，想当然认为该地线挂在 2 楼的穿墙套管至 301-2 刀闸之间（实际挂在 1 楼的 301 开关与穿墙套管之间），即来到位于 2 楼的 301 间隔前，看到已有一组地线放在网门外西侧（由于楼板阻隔视线，看不到实际位于 1 楼的地线），误认为应该由他们负责拆除的 15♯ 地线已拆除，也没有核对地线编号，即输入解锁密码，以完成五防闭锁程序，并记录该项工作结束，造成 301-2 刀闸开关侧地线漏拆。21 时 53 分，在进行 35kVⅡ母线送电操作，合上 2♯ 主变 35kV 侧 312 开关时，35kVⅡ母母差保护动作跳开 312 开关。

二、事故原因及暴露问题

（1）现场操作人员在操作中未核对地线编号，误将已拆除的 301-2 母线侧接地线认为是 301-2 开关侧地线，随意使用解锁程序，致使挂在 301-2 刀闸开关侧的 15♯ 接地线漏拆，是造成事故的直接原因。

（2）设备送电前，在拆除所有安全措施后未清点接地线组数，也没有到现场对该回路进行全面检查，把关不严，是事故发生的主要原因。

（3）该站未将跳步密码视同解锁钥匙进行管理，致使值班员能够随意使用解锁程序，使五防装置形同虚设，是事故发生的又一重要原因。

（4）操作票上未注明地线挂接的确切位置，未能引导另外一组工作人员到达地线挂接的准确位置；由于楼板阻隔视线，看不到实际位于 1 楼的地线，加之拆除的 301-2 刀闸母线侧地线没有拿走，而且就放在网门前，造成了后续操作人员判断失误，是事故发生的重要诱因。

（5）操作人写票不规范，监护人写票不严谨。操作人和监护人操作过程不严谨。

三、防范措施及要求

（1）严格执行防止电气误操作安全管理有关规定，加强倒闸操作管理，严格执行"两票三制"，严肃倒闸操作流程，按照操作顺序准确核对开关、刀闸位置及保护压板状态。

（2）认真执行装、拆接地线的相关规定，做好记录，重点交待。

（3）严格解锁钥匙和解锁程序的使用与管理，杜绝随意解锁、擅自解锁等行为。

（4）加大对作业现场监督检查力度，确保做到人员到位、责任到位、措施到位、执行到位。

（5）遇有需分组操作的大型、多组操作时，班前会必须仔细分析危险点。将组与组可能出现的交叉操作项目必须严格区分开来。

［案例 24］ 变电站错走间隔，带电误操作隔离开关事故

一、事故经过

某 110kV 变电站站长（监护人）接受地调操作命令，"将 10kV 某 914 线由运行转检修"，并在 9146 隔离开关操作把手上挂"禁止合闸，线路有人工作"标示牌的停电操作

任务。

受令后，站长会同副站长（操作人）一起持操作票，进行模拟演习后，一同到 10kV 开关室进行实际操作，拉开了 10kV 某线 914 断路器后两个人一道去室外操作 10kV 某 9146 线隔离开关。这时恰遇该站扩建现场施工人员正在改接站外施工电源，由于该处与运行中的 916 线路距离较近，监护人便走过去打招呼："916 线带电，应注意与周围电气设备的安全距离，旁边设备带电。"说着就走过了应操作设备的位置。此时，站长与副站长把操作票放在旁边石台上，直接走到 9136 隔离开关旁边，就将钥匙插入运行中的 9136 隔离开关五防锁上，但打不开。操作人说："锁打不开，可能是锁坏了，可用螺丝刀开锁"站长未置可否，操作人找来螺丝刀开了锁，便拉开了运行中的 9136 隔离开关，随即一声炸响，弧光短路 913 线路过电流保护动作、开关跳闸，重合不成功，该事故造成 9136 损坏。

二、事故原因及暴露问题

（1）值班长执行 Q/GDW 1799.1—2013《国家电网公司电力安全工作规程 变电部分》的意识极差。在整个倒闸操作中，严重违反了关于倒闸操作的规定，操作中未执行唱票、复诵、监护、核对和检查。

（2）在操作中，值班人员擅自解除五防功能，违章用螺丝刀开锁、这是发生事故的又一原因。

（3）电站正处在增容扩建施工中，现场紊乱，施工场地复杂，加上该站人员连续几天上班，得不到休息、思想极度紧张、情绪不稳，不能集中精力投入工作，以致出错。

（4）两位当事负责人工作年限较长，凭老经验办事，安全意识差，麻痹大意。且缺乏良好的工作作风和责任感，思想松懈、图省事、怕麻烦，认为一次违章不会出事、存侥幸心理，在这种心理和思想支配下，终酿事故。

（5）片面要求缩短停电操作时间，致使值班人员思想极度紧张，担心操作时间过长，遭到责难。为了图快，就不按 Q/GDW 1799.1—2013《国家电网公司电力安全工作规程 变电部分》《变电站运行规程》规定的倒闸操作步骤进行，以致忙中、快中出错。

（6）违章解锁，不执行五防解锁钥匙使用流程。

三、防范措施及要求

（1）加强对人员职业责任心的教育，模范遵章守纪、以身作则，牢固树立安全思想。

（2）组织全体运行值班人员重新学习 Q/GDW 1799.1—2013《国家电网公司电力安全工作规程 变电部分》《变电站运行规程》中倒闸操作规定、"五防装置管理规定"和"变电站钥匙管理规定"，并进行考试，将考试成绩纳入考核内容，以强化全员贯规的意识。

（3）组织全体运行值班人员进行一次"倒闸操作规范标准化演习和比赛"，其他人员观摩学习，提高值班人员的基本操作技能。

（4）组织全体运行人员对该事故进行认真分析，查找原因，加深对该事故的成因及其后果的印象和认识，以防止再次发生类似的误操作事故。

(5) 组织运行值班人员深入学习《国家电网有限公司十八项电网重大反事故措施(2018年修订版)》中防止电气误操作事故的内容。

(6) 大力开展反习惯性违章活动。让每个运行人员都能模范遵守各种规章制度，处处贯规，严于律己，不但自己遵章，而且还要关心他人，共同关心安全生产。

[案例25] 某川供电局平某220kV变电站110kV母线带电挂接地线误操作事故

一、事故经过

2009年3月9日8时00分—20时00分平某变沙某线151间隔停电，进行更换电流互感器工作。10时19分变电站运行人员陈××（操作人）、王×（监护人）开始执行平吉变沙某线151断路器由冷备转检修操作任务。10时35分，运行人员对1511隔离开关断路器侧逐相验电完毕后，在1511隔离开关断路器侧做安全措施悬挂接地线，监护人低头拿接地线去协助操作人，操作人误将接地线挂向1511隔离开关母线侧B相引流，引起110kV I母对地放电，造成110kV母差保护动作，110kV I母失压。10时52分，110kV I段母线恢复正常运行方式。

二、事故原因及暴露问题

(1) 安全意识淡薄。操作人员未认真核对设备带电部位，未按倒闸操作程序，在失去监护的情况下盲目操作。

(2) 监护人员未认真履行监护职责，失去对操作人的监护。操作现场未能有效控制，没能做到责任到位、执行到位。

(3) 事故教训汲取不深刻。对发生的误操作事故通报在班组传达学习过程中层层衰减，没有将系统事故教训对照自身实际工作进行剖析，没有达到汲取事故教训的目的。

(4) 工作组织者疏于对个人安全工作行为的预控。失去了现场安全防范"关口前移"的过程控制。

三、防范措施及要求

(1) 加强现场标准化作业指导书的执行，严格执行"两票三制"，认真规范操作流程，各作业面要规范作业方法和作业行为，以认真负责的态度，严防误操作及人员责任事故的发生。

(2) 认真开展反违章活动，全面排查管理违章、装置违章、设备违章和行为违章，消除安全管理短板。

(3) 强化现场安全监督检查，严肃查纠各类违章行为。

[案例26] 某供电公司神山110kV变电站作业人员误登相邻带电设备造成人员触电死亡事故

一、事故经过

2000年3月19日，神某110kV变电站的春检工作任务为：1#主变，110kV I 段母线，

35kV Ⅰ、Ⅱ 段母线，10kV Ⅰ、Ⅱ 段母线春检，其中 35kV 神东线 496 断路器清扫工作，4961 隔离开关线路侧带电。

9 时 55 分，变电检修试验公司办理了工作许可手续后开始工作。约 10 时 37 分，检修一班工人赵×× （男 29 岁）在 35kV 496 （神东线）断路器上清扫、刷完相序漆后，由于判断错误，对相邻的 4961 隔离开关线路侧带电不清楚，准备跨越。赵×× 从 496 断路器上部跨越到相距断路器 1.35m 的 4961 隔离开关上，造成与 4961 隔离开关 B 相放电，事故后，现场工作人员立即通知调度停 110kV 东冶变电站神东线（424 开关），放电时间约 5min 左右，经验电做安全措施后，将赵×× 从隔离开关上抬下来，脸部、腿部严重烧伤，已死亡。

二、事故原因及暴露问题

（1）对设备停电范围及临近带电设备不清楚，造成误登带电设备是造成该事故的主要原因。

（2）部分停电工作，在带电点附近有效防止工作人员误入带电间隔、误碰带电设备的安全措施不力。布置安全措施考虑不周全，对于特殊情况下的不安全问题，缺乏超前的防范性措施。

（3）本次事故发生说明领导层和管理人员，虽在各种场合多次安排布置强调安全工作，但检查落实不够，特别是针对特殊危险点的具体问题，没有拿出解决办法和针对性措施。

（4）多班组、多专业在部分停电工作时，工作总负责人或小组负责人兼做危险点工作的监护人不符合规定。多班组、多专业工作，危险因素控制措施由工作总负责人综合制定，不容易引起各专业班组人员的足够重视。

（5）新参加工作的青工安全技术素质低，尽管加大了安全教育和培训力度，但达不到应有的效果，连续四年事故均发生在青工身上，未引起足够的重视，事故教训惨痛。

（6）该单位连续四年在春检中发生事故，说明历次事故的分析和教训汲取中就事论事多，举一反三少，没有把事故教训真正引以为戒。

三、防范措施及要求

（1）各级领导和管理人员，对安全工作不能只支持，不落实。对特殊危险点的具体安全问题，要制定解决办法和针对性防范措施。

（2）工作负责人在现场应重点控制"危险人"和"危险点"，在工作现场的危险点应加设"危险点"标识牌。

（3）大型的多班组、多工种复杂工作，工作负责人不得兼任小组负责人或专责监护人。在临近带电设备附近工作时，必须设专人监护。

（4）执行接受任务复诵制，特别是在不停电或部分停电工作时，工作负责人或小组负责人应告知现场作业者工作和危险因素的具体内容，待作业者对检修设备指认无误后，方可开始工作。

（5）加大反违章督查力度，纠察人员和现场把关人员要认真履行安全监督职责，坚决制止和纠正各种不安全行为。

（6）切实执行好各项安全措施，重点抓好防止触电、高处坠落、物体打击、机械伤害等安全技术措施的落实。

（7）认真开好班前、班后会。工作负责人在工作开始前先了解工作现场情况，根据当天生产工作任务、工作环境、设备状况、运行方式、危险点、天气变化以及工作人员精神状态，在班前会上分析危险点并提出工作期间安全注意事项。当日工作结束后应在班后会上总结评价当日安全工作情况，并提出今后应注意的事项。

［案例 27］　某供电有限责任公司无票违章作业致人身死亡事故

一、事故经过

2009 年 3 月 28 日，某公司检修队按照检修计划对某林电站进行检修，工作任务为"某林电站综合自动化装置屏更换，35kV 系统设备、10kV 系统设备检修"，工作计划时间为 3 月 24 日 9 时 30 分至 3 月 28 日 18 时 00 分。工作负责人：徐×；工作班成员：张××、郭××、邱××、李××（死者，男、汉族、40 岁喜德公司职工）。3 月 28 日 14 时 45 分，所有检修工作全部结束，15 时 38 分送电操作结束。

运行人员发现监控机上 10kV 瓦尔电站线 9751 隔离刀闸、9752 隔离刀闸位置信号与刀闸实际位置不相符。15 时 52 分，瓦尔电站线变电间隔设备由运行转检修后，检修班成员张××（消缺工作实际负责人，二次专业检修人员）、郭××（二次专业检修人员，在主控制室核对信号）、李××（一次专业检修人员）三人开始进行缺陷的消除工作，在消缺过程中，李××擅自违规解除刀闸机械五防闭锁装置，拉开接地刀闸，试图采用分合 9751、9752 隔离刀闸的方法检查辅助触点是否到位，当合上 9751 隔离刀闸后（此时母线至开关上部已带电），辅助触点仍然未到位，李××便将头伸进开关柜检查辅助触点，头部触及带电部位发生触电。经抢救无效，于 18 时 15 分死亡。

二、事故原因及暴露问题

（1）该公司检修队成员安全意识极其淡薄，无票违章作业、强行解除锁。擅自变更安全措施是造成事故的直接原因。

（2）变电站运行值班人员没有进行现场许可、未交待运行带电设备范围。现场安全措施不完备。允许检修队工作班成员改变设备状态是造成事故的另一重要原因。

（3）调度值班员未严格执行"两票三制"是造成事故的又一重要原因。

（4）该公司相关领导和管理人员未严格执行"到岗到位"制度，检修现场生产组织失控是造成事故的重要管理原因。

（5）对员工安全教育不够，多人多次多环节违章。危险点分析和控制流于形式。

三、防范措施及要求

（1）严格执行"两票三制"，严格解锁钥匙和解锁程序的使用与管理，杜绝随意解锁行为。认真开展作业现场安全风险辨识，制定落实风险预控措施。

（2）各级领导干部和管理人员要严格执行公司关于"安全生产到岗到位"的有关要求，认真履行岗位职责。

（3）进一步加强人员的安全技术培训和责任心教育，逐步提升安全素质和作业技能。

（4）进一步加强10、35kV封闭式开关柜技术管理，对10、35kV封闭式开关柜开展清理和隐患排查，采取切实有效的防范措施。

（5）修试单位要加强现场作业安全管控。严格执行安全规程制度，严格履行工作票制度，严肃惩处作业人员无视安全规程制度、无票作业、违章作业、野蛮作业等性质恶劣行为。

（6）开工前对作业人员列队进行开工前的安全技术交底，待工作负责人签名确认后，在工作许可人带领下进入工作现场，确认现场安全措施无问题后方才许可开工。

（7）修试单位要将所有项目内容纳入整体作业安全管控范围，特别是电气设备单体调试薄弱环节更需加强管控，避免设备单体调试安全管理失控。

［案例28］ 武某220kV变电站带电合接地刀闸误操作事故

一、事故经过

12月28日按检修计划安排武某220kV变电站2#主变检修（全站只一台变压器由北武211线路带），值班员、站长拟票操作，操作共计44项。于6时36分开始操作，由站长韩×监护，值长兼主值邹××操作，在操作完第9项"拉开202断路器时"，站内"非全相保护动作"光字牌亮，当时并没有引起值班人员注意和怀疑，也没进行检查。操作者和监护者继续往下操作，到第15项完毕后，7时04分跳过16～28共计13项，直接去合上102-17接地刀闸发生弧光，北郊站北武线211接地距离Ⅲ段动作跳闸，重合良好。事故后检查武某220kV变电站202断路器A相没有断开，（此时2026刀闸在合闸位置）110kV系统带电，构成带电合接地刀闸误操作事故。

二、事故原因及暴露问题

（1）操作者和监护者违章是造成事故的主要原因。

1）严重违反Q/GDW 1799.1—2013《国家电网公司电力安全工作规程 变电部分》中操作规定，大幅跳项操作，把一些必要的检查（如检查202开关在拉开位置等）、验电项目全部跳过，是导致事故发生的直接原因。

2）当拉开2202断路器后出现"非全相保护动作"光字牌信号时，值班人员没能按Q/GDW 1799.1—2013《国家电网公司电力安全工作规程 变电部分》规定的要求；对操作中出现的信号提出疑问，停止操作，弄清原因后再进行操作，而主观认为是"误发"信号，没有认真去检查设备，而在错误指导思想支配下继续操作，也是导致发生事故的直接原因。

3）在没有进行A、B、C三相逐项验电，就合102-17接地刀闸也是导致发生事故直接原因之一。

（2）违反解锁钥匙使用规定。在这次停电操作中，监护人私自拿着万能解锁钥匙、将闭锁装置解除后操作，使可靠的微机闭锁装置失去作用，违反 Q/GDW 1799.1—2013《国家电网公司电力安全工作规程　变电部分》"不准随意解除闭锁装置的规定"，也违反了公司对闭锁钥匙管理的规定和要求，也是导致事故的直接原因之一。

（3）220kV 202 断路器分闸时机构卡涩，跳闸线圈烧毁，A 相开关没有断开，是这次事故的另一因素。

（4）习惯性违章作业思想是这次误操作发生的间接原因。操作人员错误的认为全站只有一台变压器运行，只要 202 断路器断开站内就无电了，而不认真执行操作票制度（这次实际上 A 相没有拉开），发生误操作。

三、防范措施及要求

（1）变电管理处对职工安全管理不严，对规程制度的贯彻执行缺乏有效管理。运行人员思想上对既定的操作没有达到应具有的危险点辨识。扎实开展各类作业人员安全培训，强化现场安全警示教育提高现场作业人员安全意识。

（2）人为因素导致设备损坏，加大考核力度，杜绝违章操作。虽然由于操作时瞬间一合即拉（也是违反规程），相应保护跳闸及时，却导致设备 10217 触头轻微烧伤，1022 刀闸 A 相支撑绝缘子上裙片炸坏。

（3）领导到岗到位无实际落实。遇有全站停电、主变检修等工作，相关领导必须到现场，做到全过程"有序、可控"，坚决防止同类事故再次发生。

［案例 29］ 某 110kV 变电站高压试验人员违规操作造成人员触电死亡事故

一、事故经过

1997 年 3 月 13 日，某阳 110kV 变电站有 8 条 10kV 出线开关及电容器设备春检预试。上午 11 时 25 分，办理了 10kV 电容器间设备清扫、刷漆工作票的许可手续后，工作负责人宁××安排杨××和崔××在电容器棚内对电抗器、电容器、放电电压互感器、支柱绝缘子等进行清扫及刷洗工作。当他们清扫工作快完时，工作票签发人贾××又安排试验工作负责人李×（修试班班长）和保护试验工作负责人李×（检修班副班长）进行电容器设备保护校验和电容器试验工作。先是试验工作负责人李×带领工作人员王×和贾××来到电容器棚摇测绝缘，让在棚内工作人员全部撤出。因绝缘低，李×将电容器棚电缆接头、电抗器两侧引线、放电电压互感器中性线 A 相接头打开，分别测试电缆、电抗器、电容器及连接电容器母线绝缘。电缆，电抗器绝缘正常，电容器和连接母线绝缘低，随后李×向工作票签发人贾××汇报。贾××说下雨，湿度大绝缘受影响，以后再测试。修试班试验工作结束后，李×合上试验中拉开的接地刀闸，并告诉检修班正在电容器护网外的张××，让其将已打开的电缆、电抗器、放电电压互感器等线头恢复到原接线状态（此项工作未执行）。然后修试班人员离开电容器棚。崔××等检修人员进入电容棚进行刷漆工作，为了加快工作进度，工作负责人宁××把其他检修工作人员又安排到电容棚协助工作。张×、赵××、张××、王×在电容器间护网上刷铝箔银浆漆；崔××、杨××、王×在电容器母线上刷相序漆。杨××在地面上刷C相母线竖直部分红漆，当杨××刷到高处够不着的位置时，崔××就上到电抗器上部，接过杨××的刷子，坐到放电电压互感器中性点铝排上刷高处母线部分的红漆。在此期间，保护校验负责人李×，成员王×、王××三人在电容器开关柜上做完过电流、速断、差流保护试验后，王××重新接好做过电压保护试验的接线，把试验线接在A611，C611端子上，未打开去放电电压互感器的二次电缆线。王××进行操作，李×站在后边监护，约12时5分左右，当王××给上试验电源时，听到崔××"哎呀"叫了一声，和崔××一起刷漆的王×见崔××瘫卧在电抗器和放电电压互感器中间部位，低着头，背靠在放电电压互感器中性连接线上，这时王×、张××就叫喊有人触电了。在高压室内做保护试验的李××跑到电容器棚看了看接地刀闸在合闸状态，并同赵××、张××将崔××从电抗器上抬下来，就地进行人工呼吸。并请医院医务人员赶到出事现场参加抢救工作，经抢救无效，于当日13时45分死亡。

二、事故原因及暴露问题

（1）继电保护人员进行电容器电压继电器校验时违反了Q/GDW 1799.1—2013《国家电网公司电力安全工作规程 变电部分》关于"电压互感器的二次回路通电试验时，为防止由二次侧向一次侧反充电，除应将二次回路断开外，还应取下一次保险或断路刀闸"的规定，没有断开通往电容器放电TV的二次回路就通电试验，造成二次侧向一次侧反充电，致使人身触电死亡是这次事故的主要原因。

（2）电容器设备清扫、刷漆工作在工作票上，对TV二次侧可能返送电的问题，未采取明显断开点的措施，致使设备停电的技术措施不完善，也是事故发生的重要原因之一。

（3）此次春检工作安排不当，严重违反工作制度规定。9个10kV间隔春检开出9张工作票，有4人带2张工作票。保护工作负责人除负责石寺线春检外，还担负9台10kV开关的保护校验，客观上导致了工作班成员交叉作业与工作票上工作班成员不符的局面，违反Q/GDW 1799.1—2013《国家电网公司电力安全工作规程 变电部分》、"两票"的规定，现场检修组织管理混乱是这次事故的原因之一。

（4）保护工作负责人（监护人）责任心不强，监护不认真，致使保护工作人员在工作过程中错误的试验做法未得到及时纠正，也是原因之一。

（5）工作票签发人安全职责不到位，对春检工作组织不力。随意扩大工作任务，没有及时通知工作许可人和该间隔的工作负责人，也没有填用新的工作票。临时增加电容器设备高压试验和保护校验工作后，没有认真核查工作任务增加后的现场安全措施，没有对保护人员提出应注意的事项及其他补充安全措施。

（6）电容器间电压互感器二次回路设计不完善，未在此回路加装保险器或利用本身隔离开关加装联锁接点来防止返送电。

三、防范措施及要求

（1）认真汲取事故教训，开展反人身事故活动，认真进行反思，查找安全隐患，并针对存在的问题，制定整改措施，杜绝人身事故的重复发生。

（2）对各专业进行全方位的安全分析，针对性地制定"四不伤害"保证书和个人行为规范。

（3）在电压互感器二次回路加装联锁接点，母线隔离开关拉开后，电压互感器二次回路断开。

（4）多班组作业时，工作总负责人要协调好各专业人员的工作，密切配合。

（5）现场作业中各类人员要各负其责，认真做好各自范围的工作，相互之间要互相监护和提醒，及时纠正违章行为。

（6）加强对工作票签发人、工作负责人、工作许可人正确执行两票的培训，提高业务素质。

（7）进一步完善各级各类人员安全生产责任制和到位标准，特别是第一责任人及生产管理人员要真正到位，生产管理人员要敢于管理、善于管理，并加强考核。

（8）不得随意扩大工作范围，凡需扩大工作范围的，工作票签发人、工作负责人和工作许可人要做到心中有数，若须变更或增设安全措施的，必须重新填用工作票，并重新履行工作许可手续。

（9）生产领导人员在检修现场对整个现场安全生产管理混乱情况把关不严，没有及时纠正制止违章的错误做法。

[案例30] 某220kV变电站送电过程中带接地刀闸合断路器误操作事故

一、事故经过

某变电站220kV系统为双母线双分段接线（GIS设备），Ⅰ、Ⅱ、Ⅲ段母线并列运行，Ⅳ母停电转为冷备用。220kV墨山Ⅰ、Ⅱ线断路器及隔离开关拉开，247、248断路器及线路转检修状态，24720、24730、24740及24820、24830、24840接地刀闸在合位。

2014年9月15~16日，该变电站220kVⅣ母停电，开展新扩建的220kV墨山Ⅰ、Ⅱ线间隔相关设备试验及调试工作，共执行两张第一种工作票。某电科院设备状态评价中心和电网技术中心分别进行墨山Ⅰ、Ⅱ线间隔一次设备试验工作（9月15日16时开工）和220kVⅢ/Ⅳ母母差保护调试工作（9月16日12时开工）。9月16日14时左右，为验证母差保护动作切除运行元件选择正确性，保护调试人员要求变电运维人员合上220kV墨山Ⅰ、Ⅱ线247、248断路器及2472、2482隔离开关，当值值班长张××（代理站长）同意后，会同工作负责人张××分别将墨山Ⅰ线247间隔、墨山Ⅱ线248间隔GIS汇控柜内操作联锁开关由"闭锁"切换至"解除"，随后，值班长张××在后台将五防闭锁软压板退出，并监护见习值班员贡××、杨×分别将247、248断路器及2472、2482隔离开关解锁合上。墨山Ⅰ、Ⅱ线间隔相关设备试验及调试工作全部结束后，18时37分，值班长张××在未拉开2472、2482隔离开关的情况下办理了两张工作票的工作票终结手续，并将现场工作结束汇报当值调度员。在调度员和当值值班长张××核对220kVⅣ母处于冷备用状态，得到肯定答复后，18时57分，调度员下令对220kVⅣ母进行送电操作，值班员杨×担任操作人、值班长张××担任监护人，19时12分，在执行"220kVⅡ/Ⅳ母母联224开关由热备用状态转运行状态"操作任务，操作到第3步"合上220kVⅡ/Ⅳ母母联224开关"时，220kVⅢ/Ⅳ母母差保护动作，224开关跳闸，50ms后故障切除。

二、事故原因及暴露问题

（1）现场工作中因保护调试需要，合上2472、2482隔离开关后，改变了停电设备的运行接线方式，保护调试工作完成后，未及时拉开2472、2482隔离开关，恢复现场安全措施，导致本应处于冷备用状态的220kVⅣ母实际上处于接地状态，是造成事故的直接原因。

（2）220kVⅣ母送电前，未认真核对220kVⅣ母运行方式，没有按调度令要求到现场对220kVⅣ母是否处于冷备用状态进行认真检查核对，是事故发生的重要原因。不仅暴露出现场人员安全意识淡薄，存在习惯性违章行为，也反映出变电运维管理不到位，规章制度执行不严格，监督检查流于形式。

（3）现场工作中操作人员随意使用GIS联锁开关操作钥匙，随意突破五防机五防联锁关系，防误闭锁管理不严，五防装置形同虚设，是事故发生的又一重要原因。站内GIS联锁开关操作钥匙未封存管理，五防机五防闭锁软压板操作密码由变电运维站站长掌握，站长即有权批准同意解除现场防误装置闭锁，防误操作管理存在漏洞，不符合公司规定要求。现场工作过程中，运维人员和检修人员分别解除了247、248间隔GIS汇控柜内操作联锁开关，值班长监护见习值班员实施解锁操作，解锁操作随意，未按要求严格履行批准签字、使用登记等必需的手续。

（4）现场工作组织管理不力，缺乏统一的组织协调，未能针对多专业并行交叉工作提前开展安全风险分析，制定落实风险管控措施。当天母差保护调试工作需要合上2472、2482刀闸，而一次设备试验工作中，24720、24820接地刀闸在合位，同一时间内的两项工作任务所要求的安全措施冲突，操作2472、2482刀闸必然需要解锁，为后续220kVⅣ母恢复送电埋下了安全隐患。

（5）"两票三制"执行不到位。现场工作中，运维人员应检修人员要求变更了检修设备运行接线方式，但变更情况未按要求记录在值班日志内，工作结束后未及时恢复现场安全措施；现场工作完成后，在未将相关设备恢复到开工前状态的情况下，运维人员和检修人员就办理了工作终结手续。

（6）新设备试验调试工作方案编制不周密，审核及现场把关不严。

三、防范措施及要求

（1）公司系统各单位要深刻汲取教训，把防止人身事故和误操作事故作为重中之重，采取切实有效措施，防范类似事故再次发生。

（2）该公司要深刻汲取教训，继续深入分析事故原因，深挖管理根源，特别要查找安全管理、运维管理、防误操作管理中存在的薄弱环节，逐一制定防范措施和整改计划，坚决堵塞安全漏洞。

（3）对检修施工计划进行重新梳理，充分进行安全风险辨识，制定落实风险防控措施。进一步加强员工安全教育培训，加强安全生产严抓严管，强化安全规章制度的执行与落实。

（4）公司系统各单位立即把事故通报发至基层一线和所有作业现场，以召开专题安全分析会、"安全日"活动等形式，对照事故暴露出的问题，举一反三，全面查找检修计划组织、"两票"管理执行、防误操作管理、现场安全管控、人员教育培训等方面存在的风险隐患，落实各项安全措施和要求，坚决防止人身事故、误操作事故和人员责任事故，确保现场作业安全。

（5）认真开展反违章工作，结合公司当前正在开展的安全生产打非治违专项行动，深入开展反违章工作，系统分析和查找每项工作、每个岗位、每个环节的违章现象，特别要重视和解决关键岗位、关键人员、关键环节的违章问题，严肃查纠行为违章、装置违章和管理违章。各级领导干部和管理人员要深入现场，切实履行职责，加强对安全工作的指导和检查，狠抓规章制度落实。

［案例31］ 某高压供电公司500kV吴某站接地刀闸未分到位送电导致500kV母线失电事故

一、事故经过

2月10～11日，吴某变电站按计划进行4#联变综合检修。2月11日16时51分某高压供电公司综合检修工作结束。17时11分对4#联变进行复电操作。500kV吴某变电站在进行500kV 4#联变由检修转运行操作时，由于5021-17接地刀闸A相分闸未到位，操作人员未按规定逐相核查刀闸位置，发生500kV-1母线A相对地放电，导致母差保护动作掉闸。吴某站500kV为3/2接线，站内共有500kV联变三组。当日3、5#联变正常运行，4#联变停电检修。

17时11分进行模拟操作后正式操作，操作票共103项。17时56分在操作到第72项"合上5021-1"时，5021-1刀闸A相发生弧光短路，500kV-1母线母差保护动作，切除500kV-1母线所连的5011、5031、5041断路器。现场检查一次设备发现5021-17 A相接地刀闸分闸不到位，5021-17 A相接地刀闸动触头距静触头距离约1m。5021-1隔离开关A相均压环有放电痕迹，不影响设备运行，其他设备无异常。20时37分进行复电操作，23时

08 分操作完毕。

二、事故原因及暴露问题

（1）事故直接原因是由于操作 5021-17 接地刀闸时 A 相分闸未到位，造成 5021-1 刀闸带接地刀闸合主闸，引发 500kV-1 母线 A 相接地故障。

（2）事故暴露出现场操作人员责任心不强，未严格执行"倒闸操作六项把关规定"（操作准备关、操作票填写关、接令关、模拟预演关、操作监护关、操作质量检查关），未对接地刀闸位置进行逐相检查，未能及时发现 5021-17 接地刀闸 A 相未完全分开的情况。

（3）5021-1、5021-17 接地刀闸为某高压开关厂 2004 年产品，型号 GW6-550ⅡDW。该产品因操作机构卡涩，5021-17 接地刀闸 A 相分闸未完全到位。

（4）5021-1、5021-17 隔离开关为一体式设备。5021-1 与 5021-17 接地刀闸之间具有机械联锁功能，连锁为"双半圆板"方式。经现场检查发现 5021-1 A 相隔离开关的半圆板与立操作轴之间受力开焊，造成机械闭锁失效。

（5）吴某变电站故障录波器不具备 GPS 时钟卫星自动对时功能，故障录波器报告时间不准确。

三、防范措施及要求

（1）加强现场安全监督管理，严格执行"两票三制"，认真规范作业流程、作业方法和作业行为。

（2）认真落实《防止电气误操作安全管理规定》，有效防止恶性误操作及各类人员责任事故的发生。

（3）要深刻汲取事故教训，认真排查设备隐患，尤其对同类型设备要立即进行全面检查，举一反三，坚决消除装置违章，防止同类事故重复发生。

（4）运行人员在倒闸操作后应按照 Q/GDW 1799.1—2013《国家电网公司电力安全工作规程　变电部分》认真检查设备位置。

第五章

近年竞赛调考试题解析

第一节　2015年普考实操及技能大赛试题解析

一、普考实操初级试题解析

（一）题目

110kVⅠ母线TV间隔B相接地故障

（二）现象

告警信息：110kV母线保护BP-2BⅠ母差动保护动作，101、112、151、153、155、157、159断路器跳闸。电气主接线图见附录A。

（三）分析思路

通过报文和监控系统可知，110kVⅠ母母差保护动作，110kVⅠ母所有断路器均跳闸，因此可以判断故障点在110kVⅠ母母差保护范围内，详细检查后可以根据故障点判断停电检修设备和可以恢复送电的设备，另外应注意1号主变中压侧中性点接地问题。

（四）处理步骤

（1）检查告警信息窗，检查后台监控系统，检查潮流、变位断路器，光字信息。

（2）汇报调度：调度你好，我是220kV横岭变电站值班长×××，我站于×年×月×日×时×分发生事故，110kVⅠ母母差保护动作，101、112、151、153、155、157、159断路器跳闸，110kVⅠ母失电，天气晴。

（3）根据调度令，投入2号主变中压侧零序保护，退出间隙保护（横岭变仿真系统中只需要检查压板即可，由保护装置根据中性点刀闸位置进行自动切换）。合上2号主变中压侧中性点接地刀闸120。

（4）详细检查保护及测控装置，保护范围内一次设备，检查后发现故障点在110kVⅠ母TV间隔。如图5-1所示。

（5）汇报调度：经检查，110kV母差保护装

图5-1　110kVⅠ母TV间隔故障点

置 BP-2BⅠ母差动保护动作，故障相 B 相，故障电流××A。现场检查故障点为 110kV 母线 TV 间隔 B 相避雷器接地故障，112、101、151、153、155、157、159 断路器就地位置指示为分位。由于故障点与母线之间的距离不满足检修条件，所以根据调度令，隔离故障点，将 110kVⅠ母间隔全部倒至Ⅱ母运行，110kVⅠ母由热备用转检修。

（6）断开 110kVⅠ母 TV 二次空气开关，拉开 119 隔离开关，将故障点隔离。

（7）拉开 1121，1122 隔离开关，将 112 间隔转冷备用，为冷倒母线做准备。

（8）将 110kVⅠ母间隔全部倒至 110kVⅡ母，操作母线侧隔离开关之后要检查电压切换，合上断路器送电，检查潮流。在合上 101 断路器之后，恢复中性点运行方式。

（9）在 119 隔离开关 TV 侧验明三相确无电压，合上 1197 接地刀闸；在 110kVⅠ母验明三相确无电压，合上 1117、1127 接地刀闸，断开 112 断路器控制电源。

（10）在所有可能来电侧隔离开关操作把手上面挂"禁止合闸，有人工作"，在检修设备上挂"在此工作"，在围栏上挂"由此进出"和"止步，高压危险"。

（11）汇报调度：已将 110kVⅠ母间隔全部倒至Ⅱ母运行，110kVⅠ母由热备用转检修。

二、普考实操中级试题解析

（一）题目

110kV 星桥线 1532 刀闸断路器侧 A 相接地故障，110kVⅠ母线母差保护动作，跳开 110kVⅠ母线。

（二）现象

告警信息：110kV 母线保护 BP-2BⅠ母差动保护动作，101、112、151、153、155、157、159 断路器跳闸。主接线图见附录 A。

（三）分析思路

通过报文和监控系统可知，110kVⅠ母母差保护动作，110kVⅠ母所有断路器均跳闸，因此可以判断故障点在 110kVⅠ母母差保护范围内，详细检查后可以根据故障点判断停电检修设备和可以恢复送电的设备，另外应注意 1 号主变中压侧中性点接地问题。

（四）处理步骤

（1）检查告警信息窗，检查后台监控系统，检查潮流、变位断路器，光字信息。

（2）汇报调度：调度你好，我是 220kV 横岭变电站值班长×××，我站于×年×月×日×时×分发生事故，110kVⅠ母母差保护动作，101、112、151、153、155、157、159 断路器跳闸，110kVⅠ母失电，天气晴。

（3）根据调度令，投入 2 号主变中压侧零序保护，退出间隙保护（横岭变仿真系统中只需要检查压板即可，由保护装置根据中性点刀闸位置进行自动切换）。合上 2 号主变中压侧中性点接地刀闸 120。

（4）详细检查保护及测控装置，保护范围内一次设备，检查后发现故障点为 110kV 153 星桥线 1532 隔离开关 153 断路器侧 A 相接地。如图 5-2 所示。

图 5-2　110kV 153 星桥线 1532 隔离开关 153 断路器侧 A 相接地故障点

（5）次汇报调度：经检查，110kV 母差保护装置 BP-2B Ⅰ 母差动保护动作，故障相 A 相，故障电流××A。现场检查故障点为 110kV 153 星桥线 1532 隔离开关 153 断路器侧 A 相接地，112、101、151、153、155、157、159 断路器就地位置指示为分位。由于故障点与母线之间的距离不满足检修条件，所以根据调度令，隔离故障点，恢复 110kV Ⅰ 母运行，将 110kV Ⅱ 母间隔全部倒至 Ⅰ 母运行，110kV Ⅱ 母由运行转检修。

（6）拉开 1536、1531 隔离开关，隔离故障点。

（7）投入 110kV 母联充电保护压板，合上 112 断路器，110kV Ⅰ 母充电正常，退出充电保护。

（8）恢复 110kV Ⅰ 母除 153 星桥线外所有间隔送电，合 101 断路器之后恢复中性点运行方式。

（9）投入 110kV 母差保护装置互联功能，断开 112 断路器控制电源。

（10）将 110kV Ⅱ 母所有间隔倒至 110kV Ⅰ 母运行，操作母线侧隔离开关之后要检查电压切换，热倒母线结束后，投入 112 断路器控制电源，退出 110kV 母差保护装置互联功能。

（11）拉开 112 断路器，断开 110kV Ⅱ 母 TV 二次空气开关，拉开 1122、1121 隔离开关，拉开 129 隔离开关。

（12）在 1532 隔离开关断路器侧验明三相确无电压，在 1532 隔离开关断路器侧挂地线一组，在 1531 隔离开关断路器侧验明三相确无电压，合上 15317 接地刀闸。在 110kV Ⅱ 母验明三相确无电压，合上 1117、1127 接地刀闸。断开 112 断路器控制电源。

（13）在所有可能来电侧隔离开关操作把手上面挂"禁止合闸，有人工作"，在检修设备上挂"在此工作"，在围栏入口处挂"由此进出"、在围栏内挂"止步，高压危险"标示牌。

（14）汇报调度：已将 110kV Ⅱ 母间隔全部倒至 Ⅰ 母运行，110kV Ⅱ 母由运行转检修。

三、普考实操高级工试题解析

（一）题目

220kV 半横 Ⅱ 线 252 断路器 SF_6 压力零压闭锁，2521 隔离开关断路器侧 C 相接地故障，跳开 220kV Ⅱ 母线。

（二）现象

告警信息：252断路器SF_6压力降低闭锁分合闸，220kV母线第一套保护BP-2B Ⅱ母差动保护动作，第二套保护RCS-915 Ⅱ母差动保护动作，202、212、254、256断路器跳闸。主接线图见附录A。

（三）分析思路

通过报文和监控系统可知，220kV Ⅱ母母差保护动作，220kV Ⅱ母除因SF_6压力低闭锁分合闸的252断路器外其余断路器均跳闸，因此可以判断故障点在220kV Ⅱ母母差保护范围内，详细检查后可以根据故障点判断停电检修设备和可以恢复送电的设备。此时由于2号主变202断路器跳闸，由1号主变带全站负荷，应注意1号主变的负荷情况。

（四）处理步骤

（1）检查告警信息窗，检查后台监控系统，检查潮流、变位断路器，光字信息。

（2）汇报调度：调度你好，我是220kV横岭变电站值班长×××，我站于×年×月×日×时×分发生事故，220kV Ⅱ母母差保护动作，202、212、254、256断路器跳闸，252断路器SF_6气压低闭锁分合闸，220kV Ⅱ母失电，1号主变过负荷，天气晴。

（3）详细检查保护及测控装置，断开252断路器控制电源。详细检查保护范围内一次设备，检查后发现故障点为220kV 252半横Ⅱ线2521隔离开关断路器侧C相接地，252断路器SF_6气压低闭锁分合闸。如图5-3所示。

图5-3　252半横Ⅱ线2521隔离开关断路器侧C相接地故障点

（4）汇报调度：经检查，220kV母差保护装置BP-2B Ⅱ母差动保护动作，故障相C相，故障电流××A。现场检查故障点为220kV 252半横Ⅱ线2521隔离开关断路器侧C相接地，252断路器SF_6气压低闭锁分合闸，SF_6气体压力表读数为0.5MPa。202、212、254、256断路器就地位置指示为分位，252断路器就地位置指示为合位。由于故障点与母线之间的距离不满足检修条件，所以根据调度令，隔离故障点，恢复220kV Ⅱ母运行，将220kV Ⅰ母间隔全部倒至Ⅱ母运行，220kV Ⅰ母由运行转检修，252断路器由运行转检修。

（5）在2526隔离开关线路侧验明三相确无电压，在2526隔离开关断路器侧验明三相确无电压，五防解锁后拉开 2526 隔离开关。在 2522 隔离开关母线侧验明三相确无电压，在 2522 隔离开关断路器侧验明三相确无电压，五防解锁后拉开 2522 隔离开关，隔离故障点。

（6）投入 220kV 母联充电保护，合上 212 断路器，220kV Ⅱ 母充电成功后退出充电保护。

（7）恢复 220kV Ⅱ 母除 252 半横 Ⅱ 线外所有间隔送电，合上 202 断路器之后 1 号主变负荷恢复正常，检查 1 号主变及 2 号主变的负荷情况。

（8）投入 220kV 母差保护屏母线互联功能，断开 212 断路器控制电源。

（9）将 220kV Ⅰ 母所有间隔倒至 Ⅱ 母运行，操作母线侧隔离开关之后要检查电压切换，热倒母线结束后，投入 212 断路器控制电源，退出 220kV 母差保护屏互联功能。

（10）拉开 212 断路器，断开 220kV Ⅰ 母 TV 二次空气开关，拉开 2121、2122 隔离开关，拉开 219 隔离开关。

（11）在 2526 隔离开关断路器侧验明三相确无电压，合上 25667 接地刀闸，在 2521 隔离开关断路器侧验明三相确无电压，合上 25217 接地刀闸，在 220kV Ⅰ 母验明三相确无电压，合上 2117、2127 接地刀闸。

（12）在所有可能来电侧隔离开关操作把手上面挂"禁止合闸，有人工作"，在检修设备上挂"在此工作"，在围栏上挂"由此进出"和"止步，高压危险"。

（13）汇报调度：已将 220kV Ⅰ 母由运行转检修，252 断路器由运行转检修。

四、竞赛实操试题解析

（一）题目

220kV 1 号主变 2011 刀闸母线侧 B 相接地故障，220kV Ⅰ 母线母差保护动作，201 断路器零压闭锁，跳开 1 号主变其他侧断路器，备自投保护装置合 312 出口压板未投，倒母线过程中，251-2 刀闸电压切换不到位，2551 刀闸断路器侧 B 相挂牌"绝缘子裂纹（未放电）"。

（二）现象

告警信息：220kV 母线第一套保护 BP-2B Ⅰ 母差动保护动作，第二套保护 RCS-915 Ⅰ 母差动保护动作，212、251、253、255 断路器跳闸，220kV 母线第一套保护 BP-2B 失灵保护动作，1 号主变非电量 RCS-974 失灵跳主变三侧动作，101、301 断路器跳闸，35kV 备自投动作，312 断路器合闸。主接线图见附录 A。

（三）分析思路

通过报文和监控系统可知，220kV Ⅰ 母母差保护动作，220kV Ⅰ 母除因 SF_6 压力低闭锁分合闸的 201 断路器外其余断路器均跳闸，因此可以判断故障点在 220kV Ⅰ 母母差保护范围内，由于 201 拒动，1 号主变启动失灵联跳，101、301 断路器跳闸，35kV 备自投满足动作条件但不动作。细检查后可以根据故障点判断停电检修设备和可以恢复送电的设备。

此时由于1号主变失电，由2号主变带全站负荷，应注意2号主变的负荷情况以及中性点运行方式。

（四）处理步骤

（1）检查告警信息窗，检查后台监控系统，检查潮流、变位断路器，光字信息。

（2）汇报调度：调度你好，我是220kV横岭变电站值班长×××，我站于×年×月×日×时×分发生事故，220kVⅠ母母差保护动作，212、251、253、255断路器跳闸，201断路器SF$_6$气压低闭锁分合闸，1号主变失灵联跳动作，101、301断路器跳闸，35kVⅠ母失电，220kVⅠ母失电，1号主变失电，天气晴。

（3）根据调度令，投入2号主变高压侧、中压侧零序保护，退出间隙保护（横岭变仿真系统中只需要检查压板即可，由保护装置根据中性点刀闸位置进行自动切换）。合上2号主变高压侧中性点接地刀闸220，中压侧中性点接地刀闸120。

（4）详细检查保护及测控装置，断开201断路器控制电源。详细检查保护范围内一次设备，检查后发现故障点为220kV 2011隔离开关母线侧B相接地，201断路器SF$_6$气压低闭锁分合闸，气体压力表读数为0.5MPa，35kV备自投合312出口压板漏投，2551刀闸断路器侧B相绝缘子裂纹。如图5-4所示。

图5-4 2011隔离开关母线侧B相接地故障点

（5）汇报调度：经检查，220kV母差保护装置BP-2BⅠ母差动保护动作，故障相B相，故障电流××A。现场检查故障点为220kV 2011隔离开关母线侧B相接地，201断路器SF$_6$气压低闭锁分合闸，气体压力表读数为0.5MPa，35kV备自投合312出口压板漏投，2551刀闸断路器侧B相绝缘子裂纹。212、251、253、255、101、301、312断路器就地位置指示为分位，201断路器就地位置指示为合位。根据调度令，隔离故障点，将220kVⅠ母间隔全部倒至Ⅱ母运行，恢复35kVⅠ母送电，1号主变201断路器由运行转检修，1号主变中压侧、低压侧由热备用转冷备用，220kVⅠ母由热备用转检修。

（6）退出 35kV 备自投，在 2016 隔离开关主变侧验明三相确无电压，在 2016 隔离开关断路器侧验明三相确无电压，五防解锁后拉开 2016 隔离开关。在 2011 隔离开关母线侧验明三相确无电压，在 2011 隔离开关断路器侧验明三相确无电压，五防解锁后拉开 2011 隔离开关。

（7）断开 220kV Ⅰ 母 TV 二次空气开关，拉开 2121、2122 隔离开关，拉开 219 隔离开关，901 小车摇至试验位置，拉开 1016、1011 隔离开关，拉开 2556 隔离开关。

（8）合上 312 断路器，检查母线电压、检查线路潮流、检查站用电情况。

（9）将 251 半横Ⅰ线，253 横乾Ⅰ线冷倒至 220kV Ⅱ 母，合上 251、253 断路器，检查潮流。

（10）在 2016 隔离开关断路器侧验明三相确无电压，合上 20167 接地刀闸。在 2011 隔离开关断路器侧验明三相确无电压，合上 20117 接地刀闸。在 2551 隔离开关断路器侧验明三相确无电压，在 2551 隔离开关断路器侧挂地线一组。在 220kV Ⅰ 母验明三相确无电压，合上 2117、2127 接地刀闸，断开 212、255 断路器控制电源。

（11）断开 201 断路器储能电机电源，退出 201 断路器启动失灵压板。

（12）断开 1 号主变有载调压空气开关，风冷空气开关。退出 1 号主变保护跳母联、分段出口压板。

（13）在所有可能来电侧隔离开关操作把手上面挂"禁止合闸，有人工作"，在检修设备上挂"在此工作"，在围栏上挂"由此进出"和"止步，高压危险"。

（14）汇报调度：已将 220kV Ⅰ 母间隔全部倒至Ⅱ母运行，恢复 35kV Ⅰ 母送电，1 号主变 201 断路器由运行转检修，1 号主变中压侧、低压侧由热备用转冷备用，220kV Ⅰ 母由热备用转检修。

第二节　2017 年普考实操及技能大赛试题解析

一、普考实操 110kV 梅力变电站初级工试题解析

（一）题目

梅力 110kV 变电站 1 号主变由运行转检修，电气主接线图见附录 B。

（二）操作步骤

（1）检查 2 号主变负荷；

（2）检查 1、2 号主变分接头挡位一致；

（3）退出 110kV 备自投压板；

（4）退出 35kV 备自投压板；

（5）退出 10kV 备自投压板；

（6）合上 112 断路器；

（7）检查 112 断路器确在合好位置；

（8）合上 312 断路器；

（9）检查 312 断路器确在合好位置；

（10）合上 912 断路器；

（11）检查 912 断路器确在合好位置；

（12）合上 1 号主变中性点 110 接地刀闸；

（13）检查 110 接地刀闸确在合好位置；

（14）拉开 901 断路器；

（15）拉开 301 断路器；

（16）拉开 151 断路器；

（17）拉开 112 断路器；

（18）检查 901 断路器确在断开位置；

（19）将 901 小车断路器由"工作"位置摇至"试验"位置；

（20）检查 901 小车断路器在试验位置；

（21）检查 301 断路器确在分闸位置；

（22）拉开 3016 隔离开关；

（23）检查 3016 隔离开关确在分闸位置；

（24）拉开 3011 隔离开关；

（25）检查 3011 隔离开关确在分闸位置；

（26）检查 151 断路器确在分闸位置；

（27）检查 112 断路器在分闸位置；

（28）拉开 1016 隔离开关；

（29）检查 1016 隔离开关确在分闸位置；

（30）拉开 1 号主变中性点 110 接地刀闸；

（31）在 1 号主变高压侧套管引线上验明三相确无电压；

（32）在 1 号主变高压侧套管引线上挂×号接地线；

（33）在 1 号主变中压侧套管引线上验明三相确无电压；

（34）在 1 号主变中压侧套管引线上挂×号接地线；

（35）在 1 号主变低压侧套管引线上验明三相确无电压；

（36）在 1 号主变低压侧套管引线上挂×号接地线；

（37）拉开 1 号主变有载调压电源；

（38）合上 151 断路器；

（39）检查 151 断路器在合闸位置；

（40）投入 110kV 备自投压板；

（41）断开 301 断路器控制电源空气开关；

（42）断开 901 断路器控制电源空气开关。

二、普考实操 110kV 梅力变电站中级工试题解析

（一）题目

35kV Ⅰ母 AB 相间短路，故障点在 351 断路器与 3511 隔离开关之间的引线上（靠近 351 断路器侧）。

（二）现象

告警信息：梅力站 1 号主变 ISA-388 装置中后备 Ⅰ段复压过电流动作，中后备 Ⅱ段复压过电流动作，301 断路器跳闸。电气主接线图见附录 B。

（三）分析思路

通过报文和监控系统可知，1 号主变中压侧复压过电流 Ⅰ段、Ⅱ段动作，跳 312、301 断路器，312 已在分闸位置，301 断路器跳闸后故障被切除。所以可以判断故障点在 35kV Ⅰ母及 35kV Ⅰ母母线至所带线路电流互感器靠近母线侧，35kV Ⅰ母母线至 301 断路器范围内。详细检查后可以根据故障点判断停电检修设备和可以恢复送电的设备。

（四）处理步骤

（1）检查告警信息窗，检查后台监控系统，检查潮流、变位断路器，光字信息。

（2）汇报调度：调度你好，我是 110kV 梅力变电站值班长×××，我站于×年×月×日×时×分发生事故，1 号主变中压侧复压过电流 Ⅰ段、Ⅱ段动作，301 断路器跳闸，35kV Ⅰ母失电，天气晴。

（3）拉开失压母线上的 351、352、353 断路器。

（4）详细检查保护及测控装置，退出 35kV 备自投，详细检查保护范围内一次设备，检查后发现故障点为 3511 隔离开关断路器侧 AB 相间短路。如图 5-5 所示。

（5）汇报调度：经检查，1 号主变保护装置 ISA-388 中压侧复压过电流 Ⅰ段、Ⅱ段动作，故障相 AB 相，故障电流××A。现场检查故障点为 3511 隔离开关断路器侧 AB 相间短路。301、351、352、353 断路器就地位置指示为分位。根据调度令，隔离故障点，恢复 35kV Ⅰ母运行，351 断路器由运行转检修。

（6）拉开 3516、3511 隔离开关。

（7）合上 301 断路器给 35kV Ⅰ母充电，检查电压正常。投入 35kV 备自投。

（8）合上 352、353 断路器，检查潮流是否正常。

（9）在 3516 隔离开关断路器侧验明三相确无电压，合上 35167 接地刀闸，在 3511 隔离开关断路器侧验明三相确无电压，合上 35117 接地刀闸。断开 351 断路器控制电源，断开 351 断路器储能电源。

（10）在所有可能来电侧隔离开关操作把手上面挂"禁止合闸，有人工作"，在检修设备上挂"在此工作"，在围栏上挂"由此进出"和"止步，高压危险"。

图 5-5　3511 隔离开关断路器侧 AB 相间短路故障点

（11）汇报调度：已恢复 35kV Ⅰ母运行，已将 351 断路器由运行转检修。

三、普考实操 110kV 梅力变电站高级工试题解析

（一）题目

35kV Ⅰ母 AB 相间短路，故障点在母线本体上，301 断路器 SF_6 压力降低闭锁分合闸。

（二）现象

告警信息：梅力站 1 号主变 35kV 侧 301 断路器 SF_6 压力降低闭锁分合闸，1 号主变 ISA-388 装置中后备Ⅰ段复压过电流动作，Ⅱ段复压过电流动作，Ⅲ段复压过电流动作，高后备Ⅰ段复压过电流动作，151、901 断路器跳闸。电气主接线图见附录 B。

（三）分析思路

通过报文和监控系统可知，1 号主变中压侧复压过电流Ⅰ段、Ⅱ段、Ⅲ段动作，高压侧复压过电流Ⅰ段动作（与中后备Ⅲ段时限相同）。301 断路器 SF_6 气压低闭锁分合闸。所以可以判断故障点在 35kV Ⅰ母及 35kV Ⅰ母母线至所带线路断路器，35kV Ⅰ母母线至 301 断路器范围内。由于 301 拒动，导致事故越级，中后备 Ⅲ 段动作主变三跳。详细检查后可以根据故障点判断停电检修设备和可以恢复送电的设备。操作过程中注意 2 号主变负荷情况。

（四）处理步骤

（1）检查告警信息窗，检查后台监控系统，检查潮流、变位断路器，光字信息。

（2）汇报调度：调度你好，我是 110kV 梅力变电站值班长×××，我站于×年×月×日×时×分发生事故，1 号主变中压侧复压过电流Ⅰ段、Ⅱ段、Ⅲ段动作，高压侧复压过电

流Ⅰ段动作，301断路器SF_6气压低闭锁分、合闸，151、901断路器跳闸，10kV备自投动作，912断路器合闸。1号主变、35kVⅠ母失电，2号主变带全站负荷。天气晴。

（3）拉开失压母线上的351、352、353断路器。

（4）详细检查保护及测控装置，断开301断路器控制电源，退出35kV、10kV备自投，详细检查保护范围内一次设备，检查后发现故障点为35kVⅠ母AB相间短路，301断路器SF_6气压低闭锁分合闸，气体压力表读数为0.4MPa。如图5-6所示。

图5-6　35kVⅠ母AB相间短路故障点

（5）汇报调度：经检查，1号主变保护装置ISA-388中压侧复压过电流Ⅰ段、Ⅱ段、Ⅲ段动作，高压侧复压过电流Ⅰ段动作，故障相AB相，故障电流××A。现场检查故障点为35kVⅠ母AB相间短路，301断路器SF_6气压低闭锁分合闸，气体压力表读数为0.4MPa。151、901、351、352、353断路器就地位置指示为分位，912、301断路器就地位置指示为合位。根据调度令，隔离故障点，恢复1号主变高压、低压侧运行，35kVⅠ母热备用转检修，301断路器由运行转检修。

（6）在3016隔离开关主变侧验明三相确无电压，在3016隔离开关断路器侧验明三相确无电压，五防解锁后拉开3016隔离开关。在3011隔离开关母线侧验明三相确无电压，在3011隔离开关断路器侧验明三相确无电压，五防解锁后拉开3011隔离开关，隔离故障点。

（7）断开35kVⅠ母TV二次空气开关，拉开3121、3122隔离开关，拉开319隔离开关，拉开3516、3511隔离开关，拉开3526、3521隔离开关，拉开3536、3531隔离开关。

（8）合上1号主变中性点110接地刀闸，合上151断路器，退出110kV备自投，合上112断路器，拉开1号主变中性点110接地刀闸，合上901断路器，拉开912断路器，投入

10kV 备自投，拉开 112 断路器，投入 110kV 备自投。

（9）在 35kV Ⅰ母验明三相确无电压，合上 3117 接地刀闸。在 3016 隔离开关断路器侧验明三相确无电压，合上 30167 接地刀闸，在 3011 隔离开关断路器侧验明三相确无电压，合上 30117 接地刀闸。断开 301 断路器控制电源，储能电源。

（10）在所有可能来电侧隔离开关操作把手上面挂"禁止合闸，有人工作"，在检修设备上挂"在此工作"，在围栏上挂"由此进出"和"止步，高压危险"。

（11）汇报调度，已恢复 1 号主变高压、低压侧运行，已将 35kV Ⅰ母由热备用转检修，已将 301 断路器由运行转检修。

四、普考实操 220kV 横岭变电站初级工试题解析

（一）题目

横乾Ⅰ线 254 线路及断路器由运行转检修。电气主接线图见附录 A。

（二）处理步骤

（1）拉开 254 断路器；

（2）将横乾Ⅰ线测控装置远方就地切换把手打至就地位置；

（3）检查 254 断路器确在断开位置；

（4）合上 2546 隔离开关电机电源；

（5）拉开 2546 隔离开关；

（6）检查 2546 隔离开关确在断开位置；

（7）断开 2546 隔离开关电机电源；

（8）合上 2542 隔离开关电机电源；

（9）拉开 2542 隔离开关；

（10）检查 2542 隔离开关确在断开位置；

（11）断开 2542 隔离开关电机电源；

（12）检查 2541 隔离开关确在断开位置；

（13）检查 2542 隔离开关电压切换；

（14）在 2546 隔离开关线路侧验明三相确无电压；

（15）合上 254617 接地刀闸；

（16）检查 254617 接地刀闸确在合闸位置；

（17）在 2546 隔离开关断路器侧验明三相确无电压；

（18）合上 25467 接地刀闸；

（19）检查 25467 接地刀闸确在合闸位置；

（20）在 2541 隔离开关断路器侧验明三相确无电压；

（21）合上 25417 接地刀闸；

（22）检查 25417 接地刀闸确在合闸位置；

（23）断开 254 断路器储能电机电源；

（24）退出母差保护第一套跳 254 断路器压板；

（25）退出母差保护第二套跳 254 断路器压板；

（26）退出 254 断路器 A 相启动失灵压板；

（27）退出 254 断路器 B 相启动失灵压板；

（28）退出 254 断路器 C 相启动失灵压板；

（29）退出 254 断路器三相启动失灵压板；

（30）断开 254 断路器控制电源Ⅰ、Ⅱ。

五、普考实操 220kV 横岭变电站中级工试题解析

（一）题目

220kVⅡ母故障（2542 隔离开关母线侧绝缘子裂纹致单相接地）。电气主接线见附录 A。

（二）现象

告警信息：220kV 母线第一套保护 BP-2B Ⅱ母差动保护动作，第二套保护 RCS-915 Ⅱ母差动保护动作，202、212、252、254、256 断路器跳闸。电气主接线图见附录 A。

（三）分析思路

通过报文和监控系统可知，220kV Ⅱ母母差保护动作，220kV Ⅱ母所有断路器均跳闸，因此可以判断故障点在 220kV Ⅱ母母差保护范围内，详细检查后可以根据故障点判断停电检修设备和可以恢复送电的设备。此时由于 2 号主变 202 断路器跳闸，由 1 号主变带全站负荷，应注意 1 号主变的负荷情况。

（四）处理步骤

（1）检查告警信息窗，检查后台监控系统，检查潮流、变位断路器，光字信息。

（2）汇报调度：调度你好，我是 220kV 横岭变电站值班长×××，我站于×年×月×日×时×分发生事故，220kV Ⅱ母母差保护动作，202、212、252、254、256 断路器跳闸，220kV Ⅱ母失电，1 号主变过负荷，天气晴。

（3）详细检查保护及测控装置，保护范围内一次设备。检查后发现故障点为 220kV 254 横乾Ⅱ线 2542 隔离开关 A 相套管严重裂纹放电。如图 5-7 所示。

（4）汇报调度：经检查，220kV 母差保护装置 BP-2B Ⅱ母差动保护动作，故障相 A相，故障电流××A。现场检查故障点为 220kV 254 横乾Ⅱ线 2542 隔离开关 A 相套管严重裂纹放电。202、212、252、254、256 断路器就地位置指示为分位，由于故障点与母线之间的距离不满足检修条件，所以根据调度令，将 220kV Ⅱ母间隔全部倒至Ⅰ母运行，220kVⅡ母由热备用转检修。

（5）拉开 2546 隔离开关，拉开 2122、2122 隔离开关，隔离故障点，2542 隔离开关有严重裂纹，禁止操作。

图 5-7　2542 隔离开关 A 相套管严重裂纹放电故障点

（6）将 220kV Ⅱ 母除 254 横乾 Ⅱ 线外的所有间隔冷倒至 220kV Ⅰ 母，操作母线侧隔离开关之后要检查电压切换，合上断路器送电，检查潮流。在合上 202 断路器之后，1 号主变不再过负荷，检查 1 号主变 2 号主变负荷情况。

（7）断开 220kV Ⅱ 母 TV 二次空气开关，拉开 229 隔离开关。

（8）在 2542 隔离开关断路器侧验明三相确无电压，在 2542 隔离开关断路器侧挂一组地线，在 2541 隔离开关断路器侧验明三相确无电压，合上 25417 接地刀闸，在 220kV Ⅱ 母验明三相确无电压，合上 2137、2147 接地刀闸。断开 212、254 断路器控制电源。

（9）在所有可能来电侧隔离开关操作把手上面挂"禁止合闸，有人工作"，在检修设备上挂"在此工作"，在围栏上挂"由此进出"和"止步，高压危险"。

（10）汇报调度：已将 220kV Ⅱ 母由运行转检修。

六、普考实操 220kV 横岭变电站高级试题解析

（一）题目

220kV Ⅱ 母故障（母差保护跳 202 断路器压板漏投）。电气主接线见附录 A。

（二）现象

告警信息：220kV 母线第一套保护 BP-2B Ⅱ 母差动保护动作，第二套保护 RCS-915 Ⅱ 母差动保护动，212、252、254、256 断路器跳闸，2 号主变第一套保护 RCS-978 高压间隙零流动作、高压零序过压动作，第二套保护 WBH-801 高压间隙动作，202、102、302 断路器跳闸，35kV 备自投动作，312 断路器合闸。电气主接线图见附录 A。

（三）分析思路

通过报文和监控系统可知，220kV Ⅱ 母母差保护动作，220kV Ⅱ 母除 202 断路器之外

其余断路器均正常出口跳闸，202断路器没有出口信息，因此可以判断202断路器出口跳闸回路存在问题。故障点在220kV Ⅱ母母差保护范围内。之后由于母差保护没有跳开202断路器而跳开了212断路器，220kV Ⅱ母失去中性点，所以2号主变启动不带方向的间隙后备跳三侧断路器。由于本事故中保护配置为断路器出口信号是失灵保护启动的条件之一，所以当母差保护动作，主变高压侧断路器不出口时，不启动失灵联跳主变三侧的功能。详细检查后可以根据故障点判断停电检修设备和可以恢复送电的设备。此时由于2号主变202、102、302断路器跳闸，由1号主变带全站负荷，应注意1号主变的负荷情况。

图 5-8　220kV Ⅱ母软连接处故障点

（四）处理步骤

（1）检查告警信息窗，检查后台监控系统，检查潮流、变位断路器，光字信息。

（2）汇报调度：调度你好，我是220kV横岭变电站值班长×××，我站于×年×月×日×时×分发生事故，220kV Ⅱ母母差保护动作，212、252、254、256断路器跳闸，2号主变高压侧间隙保护动作，202、102、302断路器跳闸。35kV备自投动作，312断路器合闸。220kV Ⅱ母、2号主变失电，1号主变过负荷。天气晴。

（3）详细检查保护及测控装置，保护范围内一次设备，检查后发现故障点在220kV Ⅱ母软连接处，220kV第一套母差保护屏和第二套母差保护屏的母差保护跳202断路器出口压板均在退出状态。如图5-8～图5-10所示。

（4）汇报调度：经检查，220kV母差保护装置BP-2B Ⅱ母差动保护动作，2号主变保护装置RCS-978高压间隙零流动作，WBH-801装置高压间隙动作。故障相A相，故障电流××A。现场检查故障点为220kV Ⅱ母软连接处A相接地故障，212、252、254、256、202、102、302断路器就地位置指示为分位，312断路器就地位置指示为合位。根据调度令，隔离故障点，将220kV Ⅱ母间隔全部倒至Ⅰ母运行，220kV Ⅱ母由热备用转检修。恢复220kV母差保护屏母差保护跳202断路器压板至投入状态，退出35kV备自投。

（5）断开220kV Ⅱ母TV二次空气开关，拉开229隔离开关，拉开2122、2121隔离开关，隔离故障点，为冷倒母线做准备。

（6）将220kV Ⅱ母所有间隔倒至220kV Ⅰ母，操作母线侧隔离开关之后要检查电压切换，合上断路器送电，检查潮流。恢复2号主变送电前，先恢复母差保护跳202断路器出口压板。恢复 2 号主变送电时，在合上 202、102 断路器之前要先合上对应侧中性点接地刀闸，合上断路器后拉开对应侧中性点接地刀闸。恢复 2 号主变送电后拉开 312 断路器，投入 35kV 备自投。

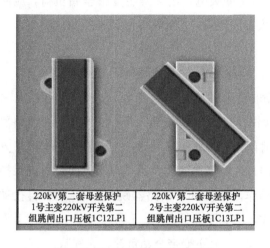

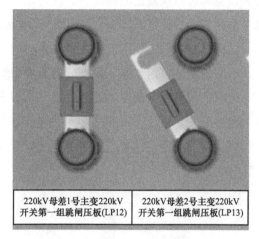

图 5-9　220kV 第二套母差屏跳　　　　　　图 5-10　220kV 第一套母差屏跳
202 断路器出口压板　　　　　　　　　　　　202 断路器出口压板

（7）在 220kV Ⅱ 母验明三相确无电压，合上 2217、2227、2237、2247 接地刀闸。断开 212 断路器控制电源。

（8）在所有可能来电侧隔离开关操作把手上面挂"禁止合闸，有人工作"，在检修设备上挂"在此工作"，在围栏上挂"由此进出"和"止步，高压危险"。

（9）汇报调度：已将 220kV Ⅱ 母间隔全部倒至 Ⅰ 母运行，已恢复 220kV 母差保护屏母差保护跳 202 断路器压板至投入状态，已恢复 2 号主变供电，220kV Ⅱ 母由热备用转检修。

七、竞赛实操试题解析

（一）题目

横岭变电站 1012 隔离开关 A 相支柱绝缘子闪络，101 断路器机构故障未跳闸。

（二）现象

告警信息：110kV 母线保护 BP-2B Ⅰ 母差动保护动作，101、112、151、153、155、157、159 断路器跳闸，1 号主变第一套保护 RCS-978 中压零序方向过电流 Ⅰ 段 Ⅰ 时限动作、Ⅰ 段 Ⅱ 时限动作、高压零序动作，1 号主变第二套保护 WBH-801 中压零序动作，201、301 断路器跳闸，35kV 备自投动作，312 合闸。主接线图见附录 A。

（三）分析思路

通过报文和监控系统可知，110kV Ⅰ 母母差保护动作，110kV Ⅰ 母除 101 断路器之外其余断路器均跳闸，101 断路器出口动作但是没有跳闸，因此可以判断 101 断路器存在问题导致拒动。故障点在 110kV Ⅰ 母母差保护范围内。之后由于母差保护没有跳开 101 断路器，所以1号主变中压零序方向过电流保护动作，Ⅰ时限跳112断路器，Ⅱ时限跳101断路器，均无法隔离故障，之后高压零序方向过电流保护动作，Ⅱ时限跳开1号主变三侧断路器。35kVⅠ母失电，35kV备自投动作，312断路器合闸。详细检查后可以根据故障点判断停电检修设备和可以恢复送电的设备。此时由于1号主变失电，由2号主变带全站负荷，应注意2号主变的负荷情况。1号主变跳闸后本站失去中性点，应考虑中性点运行方式。

（四）处理步骤

（1）检查告警信息窗，检查后台监控系统，检查潮流、变位断路器，光字信息。

（2）汇报调度：调度你好，我是220kV横岭变电站值班长×××，我站于×年×月×日×时×分发生事故，110kVⅠ母母差保护动作，112、151、153、155、157、159断路器跳闸，101断路器拒动，1号主变中压零序方向过电流保护动作，高压零序方向过电流保护动作，201、301断路器跳闸，35kV备自投动作，312断路器合闸。1号主变、110kVⅠ母失电，2号主变带全站负荷，天气晴。

图5-11　110kV 1012隔离开关A相绝缘子单相接地故障点

（3）根据调度令，投入2号主变高压侧、中压侧零序保护，退出间隙保护（横岭变仿真系统中只需要检查压板即可，由保护装置根据中性点刀闸位置进行自动切换）。合上2号主变高压侧中性点接地刀闸220，中压侧中性点接地刀闸120。

（4）详细检查保护及测控装置，断开101断路器控制电源。详细检查保护范围内一次设备，检查后发现故障点为110kV 1012隔离开关A相绝缘子单相接地，101断路器现场检查无异常，判断可能是内部机械故障导致拒动。如图5-11所示。

（5）汇报调度：经检查，110kV母差保护装置BP-2BⅠ母差动保护动作，故障相A相，故障电流××A。1号主变RCS-978中压零序过电流动作，高压零序过电流动作，WBH-801中压零序过电流动作。现场检查故障点为110kV 1012隔离开关A相绝缘子单相接地，101断路器现场检查无异常。201、112、151、153、155、157、159、301断路器就地位置指示为分位。312、101断路器就地位置为合位，由于故障点与母线之间的距离不满足检修条件，所以根据调度令，隔离故障点，恢复110kVⅠ母送电，将110kVⅡ母间隔全部倒至Ⅰ母运行，恢复1号主变高压侧及低压侧送电。110kV Ⅱ母由运行转检修。

（6）在 1016 隔离开关主变侧验明三相确无电压，在 1016 隔离开关断路器侧验明三相确无电压，五防解锁后拉开 1016 隔离开关。在 1011 隔离开关母线侧验明三相确无电压，在 1011 隔离开关断路器侧验明三相确无电压，五防解锁后拉开 1011 隔离开关。

（7）投入 110kV 母联充电保护，合上 112 断路器给 110kV Ⅰ母充电，充电成功后退出充电保护。恢复 110kV Ⅰ母除 1 号主变中压侧外所有间隔的送电。合上 201、301 断路器恢复 1 号主变高压侧、低压侧送电，恢复中性点运行方式，拉开 312 断路器，投入 35kV 备自投。

（8）投入 110kV 母线差动保护互联功能，断开 112 断路器控制电源，将 110kV Ⅱ母所有间隔热倒至 110kV Ⅰ母运行，操作母线侧隔离开关之后要检查电压切换，操作完毕后合上 112 断路器控制电源，退出 110kV 母线差动保护互联功能。

（9）拉开 112 断路器，断开 110kV Ⅱ母 TV 二次空气开关，拉开 1122、1121 隔离开关，拉开 129 隔离开关。

（10）在 1012 隔离开关断路器侧验明三相确无电压，在 1012 隔离开关断路器侧挂地线一组，在 1011 隔离开关断路器侧验明三相确无电压，合上 10117 接地刀闸，在 110kV Ⅱ母验明三相确无电压，合上 1217、1227 接地刀闸。断开 112 断路器控制电源。

（11）在所有可能来电侧隔离开关操作把手上面挂"禁止合闸，有人工作"，在检修设备上挂"在此工作"，在围栏上挂"由此进出"和"止步，高压危险"。

（12）汇报调度：已恢复 110kV Ⅰ母送电，已将 110kV Ⅱ母间隔全部倒至Ⅰ母运行，恢复 1 号主变高压侧及低压侧送电。110kV Ⅱ母由运行转检修。

第三节　2019 年普考实操及技能大赛试题解析

一、普考实操 110kV 梅力变电站初级工试题解析
（一）题目
110kV Ⅱ母线由运行转检修。电气主接线图见附录 B。

（二）处理步骤
（1）检查 1 号主变不过载；

（2）检查 1、2 号主变分接头挡位一致；

（3）退出 110kV 备自投；

（4）退出 35kV 备自投；

（5）退出 10kV 备自投；

（6）合上 112 断路器；

（7）检查 112 断路器确在合好位置；

（8）合上 312 断路器；

（9）检查 312 断路器确在合好位置；

（10）检查 1、2 号主变 35kV 侧负荷分配正常；

（11）合上 912 断路器；

（12）检查 912 断路器确在合好位置；

（13）检查 1、2 号主变 10kV 侧负荷分配正常；

（14）合上 120 接地刀闸；

（15）检查 2 号主变 120 接地刀闸确在合好位置；

（16）拉开 902 断路器；

（17）检查 2 号主变负荷确由 1 号主变带出；

（18）拉开 302 断路器；

（19）检查 2 号主变负荷确由 1 号主变带出；

（20）拉开 112 断路器；

（21）拉开 152 断路器；

（22）检查 902 小车断路器确在分闸位置；

（23）拉开 902 小车断路器至试验位置；

（24）检查 902 小车断路器在试验位置；

（25）检查 302 断路器确在分闸位置；

（26）拉开 3026 隔离开关；

（27）检查 3026 隔离开关在分闸位置；

（28）拉开 3022 隔离开关；

（29）检查 3022 隔离开关在分闸位置；

（30）检查 152 断路器在分闸位置；

（31）拉开 1026 隔离开关；

（32）检查 1026 隔离开关在分闸位置；

（33）拉开 1526 隔离开关；

（34）检查 1526 隔离开关在分闸位置；

（35）拉开 1522 隔离开关；

（36）检查 1522 隔离开关在分闸位置；

（37）检查 112 断路器在分闸位置；

（38）拉开 1122 隔离开关；

（39）检查 1122 隔离开关在分闸位置；

（40）拉开 1121 隔离开关；

（41）检查 1121 隔离开关在分闸位置；

（42）断开Ⅱ母电压互感器二次侧快速空气开关；

（43）拉开 129 隔离开关；

（44）检查 129 隔离开关在分闸位置；

（45）在 1127 接地刀闸静触头上验明无电；

（46）合上 1127 接地刀闸；

（47）退出 2 号主变保护屏高后备跳中压侧母联断路器压板；

（48）退出 2 号主变保护屏低后备跳低压侧母联断路器压板；

（49）断开 152 断路器操作电源空气开关；

（50）断开 112 断路器操作电源空气开关。

二、普考实操 110kV 梅力变电站中级工试题解析

（一）题目

110kV 武梅线 151 线路故障，武梅线 151 断路器跳闸，母分 112 断路器未动作（110kV 备自投 112 合闸压板未投）。电气主接线图见附录 B。

（二）现象

告警信息窗：电容器欠压动作，914 断路器跳闸。

（三）分析思路

通过报文和监控系统可知，本站没有保护动作，可以判断故障点在 151 武梅线线路至 151 武梅线 TA 之间。35kV 备自投动作，312 断路器合闸。10kV 备自投动作，912 断路器合闸。由于 110kV 备自投满足动作条件却没有动作，所以考虑 110kV 备自投有故障，详细检查后可以根据故障点判断停电检修设备和可以恢复送电的设备。此时由于 1 号主变失电，由 2 号主变带全站负荷，2 号主变过负荷。

（四）处理步骤

(1) 检查告警信息窗，检查后台监控系统，检查潮流、变位断路器，光字信息。

(2) 汇报调度：调度你好，我是 110kV 梅力变电站值班长×××，我站于×年×月×日×时×分发生事故，151 武梅线、1 号主变失电，35kV 备自投动作，312 断路器合闸。10kV 备自投动作，912 断路器合闸。2 号主变带全站负荷，2 号主变过负荷，天气晴。

(3) 拉开 151 断路器。详细检查保护及测控装置，详细检查保护范围内一次设备，检查后发现故障点不在站内，应该在武梅线线路上，检查发现 110kV 备自投装置合 112 出口压板漏投。

(4) 汇报调度：经检查，110kV 备自投装置合 112 出口压板漏投。现场检查站内无故障点。151、301、901 断路器就地位置指示为分位。312、912 断路器就地位置为合位，根据调度令，隔离故障点，恢复 1 号主变送电，151 武梅线线路由热备用转检修。

(5) 退出 110kV、35kV、10kV 备自投，拉开 1516、1511 隔离开关，隔离故障点。

(6) 合上 1 号主变中性点接地刀闸 110，合上 112 断路器，拉开 1 号主变中性点接地刀

闸 110，合上 301 断路器，合上 901 断路器，拉开 312、912 断路器，投入 35kV、10kV 备自投。

（7）在 1516 隔离开关线路侧验明三相确无电压，合上 151617 接地刀闸。断开 151 断路器控制电源。

（8）在所有可能来电侧隔离开关操作把手上面挂"禁止合闸，线路有人工作"，在检修设备上挂"在此工作"，在围栏上挂"由此进出"和"止步，高压危险"。

（9）汇报调度：已恢复 1 号主变送电，已将 151 武梅线线路由热备用转检修。

三、普考实操 110kV 梅力变电站高级试题解析

（一）题目

110kV 1 号主变内部故障，跳主变三侧断路器，10kV Ⅰ母线失电（10kV 备自投 912 合闸压板未投）。电气主接线图见附录 B。

（二）现象

告警信息窗：梅力站 1 号主变 ISA-387 装置差动保护动作，ISA-361 装置重瓦斯保护动作，151、301、901 断路器跳闸，35kV 备自投动作，312 合闸。

（三）分析思路

通过报文和监控系统可知，1 号主变重瓦斯保护动作，151、301、901 断路器跳闸。35kV 备自投动作，312 断路器合闸。10kV 备自投满足动作条件却没有动作。可以判断故障点在 1 号主变本体油箱内。此时由于 1 号主变失电，由 2 号主变带全站负荷，应注意 2 号主变负荷情况。

（四）处理步骤

（1）检查告警信息窗，检查后台监控系统，检查潮流、变位断路器，光字信息。

（2）汇报调度：调度你好，我是 110kV 梅力变电站值班长×××，我站于×年×月×日×时×分发生事故，1 号主变重瓦斯保护、差动保护动作，151、301、901 断路器跳闸，35kV 备自投动作，312 断路器合闸。1 号主变失电，10kV Ⅰ母失电。2 号主变带全站负荷，天气晴。

（3）详细检查保护及测控装置，详细检查保护范围内一次设备，检查后发现 1 号主变气体继电器内有气体，10kV 备自投合 912 断路器出口压板漏投。

（4）汇报调度：经检查，1 号主变保护装置 ISA-387 差动保护动作，ISA-361 重瓦斯保护动作，故障相 A 相，故障电流××A。现场检查 1 号主变气体继电器内有气体，10kV 备自投合 912 断路器出口压板漏投。151、301、901 断路器就地位置指示为分位。312 断路器就地位置为合位，根据调度令，隔离故障点，恢复 10kV Ⅰ母供电，1 号主变由热备用转检修。

（5）退出 35kV 备自投，退出 10kV 备自投。将 901 小车摇至试验位置，拉开 3016、3011 隔离开关，拉开 1016 隔离开关。

（6）合上 912 断路器，合上 151 断路器，检查母线电压，检查潮流。

（7）在 1016 隔离开关主变侧验明三相确无电压，合上 101617 接地刀闸。在 3016 隔离开关主变侧验明无电，合上 301617 接地刀闸。在 1 号主变低压侧验明三相确无电压，在 1 号主变低压侧挂地线一组。断开 301、901 断路器控制电源。断开主变有载调压、风冷电源。

（8）退出 1 号主变保护跳高压侧开关，跳母联、分段出口压板。

（9）在所有可能来电侧隔离开关操作把手上面挂"禁止合闸，有人工作"，在检修设备上挂"在此工作"，在围栏上挂"由此进出"和"止步，高压危险"。

（10）汇报调度：已将 1 号主变由热备用转检修。

四、普考实操 220kV 横岭变电站初级工试题解析

（一）题目

220kV 1 号主变 35kV 侧 301 断路器由运行转检修。电气主接线图见附录 A。

（二）处理步骤

（1）退出 35kV 备自投；

（2）合上 312 断路器；

（3）检查 312 断路器确在合闸位置；

（4）检查 1、2 号主变 35kV 侧负荷分配正常；

（5）拉开 301 断路器；

（6）将 1 号主变测控屏低压侧远方/就地切换把手切至"就地"位置；

（7）检查 1 号主变负荷由 2 号主变带出；

（8）检查 301 断路器确在分闸位置；

（9）将 301 断路器由"工作"位置摇至"试验"位置；

（10）检查 301 断路器确在试验位置；

（11）断开 301 断路器储能电机电源；

（12）断开 301 断路器控制电源；

（13）取下 301 小车断路器二次插件；

（14）将 301 断路器由"试验"位置拉至"检修"位置。

五、普考实操 220kV 横岭变电站中级工试题解析

（一）题目

220kV 1 号主变外部故障，35kV 母分备自投投入，高压侧 A 相套管接地短路，短路点挂牌，永久性故障。电气主接线图见附录 A。

（二）现象

告警信息：横岭变电站 1 号主变第一套保护 RCS-978 差动保护动作，第二套保护 WBH-801 差动保护动作，201、101、301 断路器跳闸，35kV 备自投动作，312 断路器

合闸。

（三）分析思路

通过报文和监控系统可知，1号主变差动保护动作，201、101、301断路器跳闸。35kV Ⅰ母失电，35kV备自投动作，312断路器合闸。可以判断故障点在1号主变差动保护范围内，详细检查后可以根据故障点判断停电检修设备和可以恢复送电的设备。此时由于1号主变失电，由2号主变带全站负荷，应注意2号主变的负荷情况。1号主变跳闸后本站失去中性点，应考虑中性点运行方式。

（四）处理步骤

（1）检查告警信息窗，检查后台监控系统，检查潮流、变位断路器，光字信息。

（2）汇报调度：调度你好，我是220kV横岭变电站值班长×××，我站于×年×月×日×时×分发生事故，1号主变差动保护动作，201、101、301断路器跳闸，35kV备自投动作，312断路器合闸。1号主变失电，2号主变带全站负荷，2号主变过负荷，天气晴。

（3）根据调度令，投入2号主变高压侧、中压侧零序保护，退出间隙保护（横岭变仿真系统中只需要检查压板即可，由保护装置根据中性点刀闸位置进行自动切换）。合上2号主变高压侧中性点接地刀闸220，中压侧中性点接地刀闸120。

（4）详细检查保护及测控装置，详细检查保护范围内一次设备，检查后发现故障点为1号主变高压侧A相套管接地短路。如图5-12所示。

图5-12　1号主变高压侧A相套管接地短路故障点

（5）汇报调度：经检查，1号主变保护装置RCS-978差动保护动作，WBH-801差动保护动作，故障相A相，故障电流××A。现场检查故障点为1号主变高压侧A相套管接地短路。201、101、301断路器就地位置指示为分位。312断路器在合位，根据调度令，隔离故障点，1号主变由热备用转检修。

（6）将301小车由"工作"位置摇至"试验"位置，拉开3016隔离开关，拉开1016、1011隔离开关，拉开2016、2011隔离开关。

（7）在3016隔离开关主变侧验明三相确无电压，合上301617接地刀闸。在1016隔离开关主变侧验明三相确无电压，合上101617接地刀闸。在2016隔离开关主变侧验明三相确无电压，合上201617接地刀闸。断开201、101、301断路器控制电源。

（8）断开1号主变有载调压空气开关，断开1号主变风冷电源空气开关。

（9）退出1号主变启动失灵压板，退出1号主变保护跳母联、分段断路器压板。

（10）在所有可能来电侧隔离开关操作把手上面挂"禁止合闸，有人工作"，在检修设备上挂"在此工作"，在围栏上挂"由此进出"和"止步，高压危险"。

（11）汇报调度：已将1号主变由热备用转检修。

六、普考实操220kV横岭变电站高级工试题解析

（一）题目

220kV横铁Ⅰ线线路故障，220kV横铁Ⅰ线251断路器SF_6压力低闭锁，线路A相故障接地，永久性故障。电气主接线图见附录A。

（二）现象

告警信息窗：220kV半横Ⅰ线保护PSL-603快速距离保护动作、分相差动动作、零序差动动作、接地距离Ⅰ段动作，RCS-931工频变化量阻抗动作、纵联分相差动动作、纵联零序差动动作、接地距离Ⅰ段动作，220kV母线第一套保护BP-2B失灵保护动作，212、201、253、255断路器跳闸。

（三）分析思路

通过报文和监控系统可知，251半横Ⅰ线线路纵差保护动作，251断路器SF_6气压低闭锁分合闸。之后由于线路保护没有跳开251断路器，故障点仍然存在，所以断路器失灵保护启动，跳开220kVⅠ母线上其他断路器。可以判断故障点在251半横Ⅰ线线路纵差保护范围内。详细检查后可以根据故障点判断停电检修设备和可以恢复送电的设备。此时由于1号主变高压侧失电，由2号主变带全站负荷，应注意2号主变的负荷情况。1号主变高压侧跳闸后220kV系统失去中性点，应考虑中性点运行方式。

（四）处理步骤

（1）检查告警信息窗，检查后台监控系统，检查潮流、变位断路器，光字信息。

（2）汇报调度：调度你好，我是220kV横岭变电站值班长×××，我站于×年×月×日×时×分发生事故，251半横Ⅰ线线路纵差保护动作，快速距离保护动作，工频变化量保护动作，接地距离Ⅰ段动作，251断路器SF_6气压低闭锁分合闸，220kV母线失灵保护动作212、201、253、255断路器跳闸。2号主变带全站负荷，天气晴。

（3）根据调度令，投入2号主变高压侧零序保护，退出间隙保护（横岭变仿真系统中

只需要检查压板即可，由保护装置根据中性点刀闸位置进行自动切换）。合上 2 号主变高压侧中性点接地刀闸 220。

图 5-13　251 断路器 SF₆ 气压表

（4）详细检查保护及测控装置，断开 251 断路器控制电源，详细检查保护范围内一次设备，检查后发现故障点在 251 半横Ⅰ线线路 7.6km 处，251 断路器 SF₆ 气压低闭锁分合闸，气压表读数为 0.5MPa。如图 5-13 所示。

（5）汇报调度：经检查，251 半横Ⅰ线保护装置 RCS-931 纵联差动保护动作，工频变化量保护动作，接地距离Ⅰ段动作，PSL-603 快速距离保护动作，纵联差动保护动作，接地距离Ⅰ段动作，故障相 A 相，故障电流××A，故障测距 7.6km。现场检查 251 断路器 SF₆ 气压低闭锁分合闸，气压表读数为 0.5MPa。212、201、253、255 断路器就地位置指示为分位。251 断路器就地位置为合位，根据调度令，隔离故障点，恢复 220kV Ⅰ母送电，251 半横Ⅰ线线路及断路器转检修。

（6）在 2516 隔离开关线路侧验明三相确无电压，在 2516 隔离开关断路器侧验明三相确无电压，五防解锁后拉开 2516 隔离开关。在 2511 隔离开关母线侧验明三相确无电压，在 2511 隔离开关断路器侧验明三相确无电压，五防解锁后拉开 2511 隔离开关。

（7）投入 220kV 母联充电保护，合上 212 给 220kV Ⅰ母充电，充电成功推出充电保护。

（8）将 220kV Ⅰ母所有间隔恢复送电，合上 201 断路器后，恢复中性点运行方式。

（9）在 2516 隔离开关线路侧验明三相确无电压，合上 256617 接地刀闸，在 2516 隔离开关断路器侧验明三相确无电压，合上 25667 接地刀闸，在 2511 隔离开关断路器侧验明三相确无电压，合上 25117 接地刀闸。断开 251 断路器控制电源、储能电机电源。

（10）退出 251 断路器保护装置启动失灵压板。

（11）在所有可能来电侧隔离开关操作把手上面挂"禁止合闸，有人工作"，在检修设备上挂"在此工作"，在围栏上挂"由此进出"和"止步，高压危险"。

（12）汇报调度：已恢复 220kV Ⅰ母送电，已将 251 半横Ⅰ线线路及断路器转检修。

七、竞赛实操试题解析

（一）题目

220kV 母线保护跳 1 号主变 220kV 断路器第一组跳闸压板 1LP12、第二组跳闸压板 1C12LP1 未投，101 断路器 SF₆ 压力低闭锁分合闸，220kV Ⅰ母线 A 相避雷器雷击炸裂接地。电气主接线图见附录 A。

（二）现象

告警信息窗：110kV 101 断路器 SF₆ 气体压力低闭锁分合闸，220kV 母线第一套保护

BP-2B Ⅰ母差动保护动作，第二套保护 RCS-915 Ⅰ母差动保护动作，212、251、253、255 断路器跳闸，220kV 母线第一套保护 BP-2B 失灵保护动作，第二套保护 RCS-915 失灵跳主变三侧动作，201、301 断路器跳闸，35kV 备自投动作，312 断路器合闸。

（三）分析思路

通过报文及监控系统可知，220kV Ⅰ母差动保护动作，所以考虑故障点在 220kV Ⅰ母差动保护范围内，而Ⅰ母差动保护动作后，201 断路器本应出口跳闸却没有出口信息，由于 201 断路器没有跳闸，所以仍没有将故障点隔离，这时候启动失灵保护联跳主变三侧断路器，101 断路器拒动，201、301 断路器正常跳闸，可以推断 201 断路器本体没有问题，可能是出口压板有问题，有待后续检查。找到故障点后将故障点隔离，恢复正常设备送电。

（四）处理步骤

（1）检查告警信息窗，检查后台监控系统，检查潮流、变位断路器，光字信息。

（2）汇报调度：调度你好，我是 220kV 横岭变电站值班长×××，我站于×年×月×日×时×分发生事故，101 断路器 SF₆ 气压低闭锁分合闸，220kV Ⅰ母差动保护动作、失灵联跳 1 号主变动作，220kV Ⅰ母失压，201、212、251、253、255、301 断路器跳闸，备自投动作，312 断路器合闸；1 号主变由中压侧带电空载运行，2 号主变带全站负荷，未过负荷，天气晴。

（3）根据调度令，投入 2 号主变高压侧零序保护，退出间隙保护（横岭变仿真系统中只需要检查压板即可，由保护装置根据中性点刀闸位置进行自动切换）。合上 2 号主变高压侧中性点接地刀闸 220。

（4）详细检查保护装置及测控装置，详细检查现场保护范围内及临近一次设备，发现 220kV 母线保护跳 1 号主变 220kV 断路器第一组跳闸压板 1LP12、第二组跳闸压板 1C12LP1 未投，101 断路器 SF₆ 压力低闭锁分合闸，220kV Ⅰ母线 A 相避雷器雷击炸裂接地。

（5）汇报调度：经检查，110kV 101 断路器 SF₆ 气体压力低闭锁分合闸，220kV 母线第一套保护 BP-2B Ⅰ母差动保护动作，第二套保护 RCS-915 Ⅰ母差动保护动作，220kV 母线第一套保护 BP-2B 失灵保护动作，第二套保护 RCS-915 失灵跳主变三侧动作。故障相 A 相，故障电流××A。现场检查 101 断路器 SF₆ 气压低闭锁分合闸，气压表读数为 0MPa。212、201、251、253、255、301 断路器就地位置指示为分位。312 断路器就地位置为合位，根据调度令，隔离故障点，恢复无故障设备送电，将故障设备转检修。

（6）断开Ⅰ母 TV 二次电压空气开关及熔断器，拉开 219，拉开 2121、2122 隔离开关，将 201、251、253、255 间隔冷倒至Ⅱ母。合上 251、253、255 断路器送电，检查线路潮流情况。

（7）将 151、153 间隔倒至 110kV Ⅱ母运行，拉开 112，在 1016 及 1011 刀闸两侧验明三相确无电压，申请解锁拉开 1016 及 1011 隔离开关，投入 110kV 母联充电保护，合上

112 给Ⅰ母充电，将 151、153 间隔到回Ⅰ母运行。

（8）合上 201、301 断路器，检查 1 号主变负荷情况，拉开 312 断路器，投入 35kV 备自投。

（9）将 220kVⅠ母、Ⅰ母 TV 以及 101 断路器转检修。

（10）在所有可能来电侧隔离开关操作把手上面挂"禁止合闸，有人工作"，在检修设备上挂"在此工作"，在围栏上挂"由此进出"和"止步，高压危险"。

（11）汇报调度：已将 220kVⅠ母 TV 及 101 断路器转检修，已将 220kVⅠ母转检修（考虑 TV 检修工作的安全带电距离），已恢复 251 半横Ⅰ线、253 横乾Ⅰ线、255 横铁Ⅰ线线路送电，已恢复 1 号主变高压侧及低压侧送电。

附录A

横岭220kV变电站介绍

一、电气主接线图

横岭变电站电气主接线图见图 A-1。

二、运行方式

（1）横乾Ⅰ线、横铁Ⅰ线、半横Ⅰ线、1 号主变 220kV 侧Ⅰ母运行；横乾Ⅱ线、横铁Ⅱ线、半横Ⅱ线、2 号主变 220kV 侧Ⅱ母运行；220kV 母联运行。

（2）横岭变电站 1 号主变 110kV 侧Ⅰ母运行送 110kVⅠ母线，35kVⅠ段母线，2 号主变 110kV 侧Ⅱ母运行送 110kVⅡ母线，35kVⅡ段母线；横岭变电站 1 号主变 220、110kV 中性点接地运行，2 号主变 220、110kV 中性点不接地运行。

（3）元横 152 线Ⅱ母热备用为 220kV 横岭与乾元变电站联络线，横岭变电站侧长期开口运行；外乔 151 线、星桥 153 线、横南 155 线、横平 157 线、横港 159 线Ⅰ母运行；横富 160 线、茅山 150 线、横星 154 线、南苑 156 线、临平 158 线Ⅱ母运行；110kV 母联断路器运行。

（4）35kVⅠ段母线协陶 351 线送协和陶瓷厂；35kVⅡ段母线杭泥 361 线送杭州水泥厂；35kVⅡ段母线铁路 362 线送铁路编组站；35kV 母分热备用，35kV 备用电源投入。

（5）35kV 1 号站用变运行，35kV 2 号站用变运行，站用电低压侧分列运行；横岭线送室外 0 号站用变。

容量比：180000/180000/90000kVA。

电压比：220±8×1.25%/121/11kV。

三、保护配置

（一）主变保护配置

1. 保护配置情况

1、2 号主变保护采用两套 RCS-978 型主保护、后备保护。

2. 反应的故障类型

（1）油箱内部故障（见图 A-2）。

1）变压器高压侧绕组相间短路 d1 点、匝间短路 d2 点和接地短路 d3 点。

2）变压器中低压侧绕组相间短路 d1 点和匝间短路 d2 点。

（2）油箱外部故障。

1）高压侧绝缘套管或引线上发生的相间短路 d1 点与接地短路 d2 点。

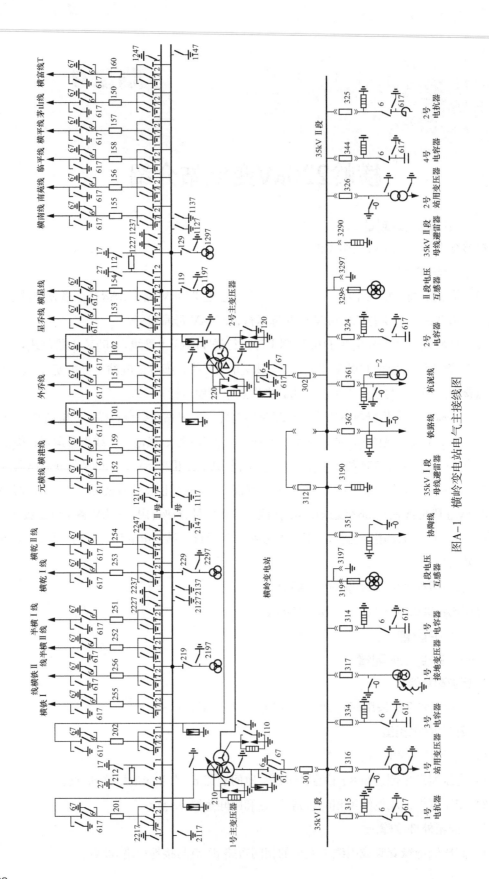

图A-1 横岭变电站电气主接线图

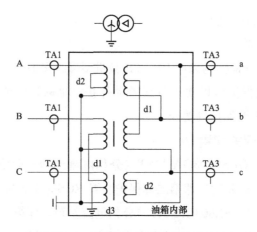

图 A-2 油箱内部故障接线示意图

2）中低压侧绝缘套管或引出线上发生的相间短路 d1 点。

3. 主变 220kV 失灵保护压板

（1）第一套、第二套保护上均有 220kV 启动失灵压板 1（2）LP15，作用启动 220kV 失灵回路。

（2）第一套、第二套保护上均有 220kV 失灵启动跳闸压板 1（2）LP16，作用该套保护失灵启动跳闸。

（3）在非电量屏保护上有失灵启动总压板 8LP23，作用第一套和第二套失灵跳闸总压板。

（4）220kV 母差屏上 1、2 号主变 220kV 失灵启动总压板 LP52、LP53（见图 A-3），作用同 8LP23 是失灵跳闸总压板。

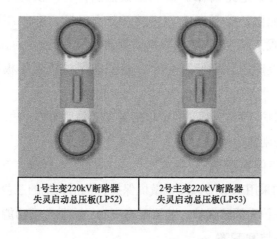

图 A-3　1、2 号主变 220kV 断路器失灵启动总压板（LP52、LP53）

（5）在非电量屏保护上有主变失灵解除复压闭锁压板 8LP22，其作用为当失灵启动时解除复压闭锁。

（6）220kV 母差屏上主变 220kV 失灵解除电压闭锁压板 LP79，其作用为当 1、2 号主

233

变失灵启动时解除母差复压闭锁。

（二）母线保护配置

35、110、220kV 母线保护均采用 BP—2B 微机型母线保护。

BP—2B 微机型母线保护可以实现母线差动保护、母联过电流保护、母联失灵（或死区）保护，以及断路器失灵保护等功能。

（三）220kV 线路保护配置

（1）半横Ⅰ线配置：GPSL603GA-102T（分相电流差动）即第一套保护装置 PSL-603 和 PRC31A-02Z（分相电流差动）即第二套保护装置 RCS-931 微机线路保护柜各一面。

（2）半横Ⅱ线配置：GPSL603GA-102（分相电流差动）即第一套保护装置 PSL-603 和 PRC31A-02Z（分相电流差动）即第二套保护装置 RCS-931 微机线路保护柜各一面。

（3）横乾Ⅰ线配置：GPSL603GA-102T（分相电流差动）即第一套保护装置 PSL-603 和 PRC31A-02Z（分相电流差动）即第二套保护装置 RCS-931 微机线路保护柜各一面。

（4）横乾Ⅱ线配置：GPSL603GA-102（分相电流差动）即第一套保护装置 PSL-603 和 PRC31A-02Z（分相电流差动）即第二套保护装置 RCS-931 微机线路保护柜各一面。

（5）横铁Ⅰ线、横铁Ⅱ线配置：两套保护，即第一套 GCSC109A-109（保护装置为 CSC-103），第二套柜 GPSL607-121AB（保护装置为 PSL-603），不装设重合闸装置。

保护都采用 OPGW 光纤通道。

其中：PSL603 型微机保护（第一套保护）：包括第一套差动保护、第一套距离保护、第一套零序保护。①三段式相间距离由第一套相间距离保护投入压板控制；②三段式接地距离由第一套接地距离保护投入压板控制；③四段式零序方向保护由第一套零序保护总投入压板控制；④零序Ⅰ、Ⅱ段还分别经第一套零序保护Ⅰ段投入压板和第一套零序保护Ⅱ段投入压板控制；⑤差动保护由第一套差动保护总投入压板控制，分相电流差动和零序差动还分别经第一套分相差动保护投入压板和第一套零序差动保护投入压板控制。

RCS-931 型微机保护（第二套保护）：包括第二套差动保护、第二套零序保护、第二套距离保护、第二套重合闸及远跳。

（四）110kV 线路保护配置

110kV 线路保护均采用 RCS-941A 型微机保护：包括完整的三段相间和接地距离保护、四段零序方向过电流保护和低频保护；装置配有三相一次重合闸功能。

（五）35kV 保护装置配置

35kV 线路距离保护装置（CSC212）：①三段式相间距离保护，可选择经振荡闭锁；②三段式可经低电压闭锁的定时限过电流保护（可经方向闭锁）；③三段定时限零序过电流保护（可经方向闭锁）；④双回线相继速动功能；⑤不对称故障相继速动功能；⑥小电流接地选线；⑦过负荷保护（跳闸或告警信号可选）；⑧合闸加速保护（前加速、后加速和手合后加速）；⑨低频减负荷保护；⑩）低压解列功能；⑪三相重合闸（检同期、检无压或非同期）；⑫32 组定值区；⑬故障录波。

（六）35kV 电容器保护配置

1～4 号电容器保护为 CSC221 装置。①三相式不平衡电压保护（或单相式不平衡电压保护）；②两段式过电流保护（定/反时限）；③两段定时限零序过电流保护（定/反时限）；④过电压保护；⑤欠电压保护；⑥自动投切功能。

梅力110kV变电站介绍

一、电气主接线图

梅力变电站电气主接线图见图 B-1。

二、运行方式

梅力 110kV 变电站 1、2 号主变为 10、35、110kV 三个电压等级的变压器。110kV 系统采用桥型接线，共有 2 回出线；35kV 系统采用单母分段接线，分段断路器在分位；共有 6 回出线；10kV 系统采用单母分段接线，分段断路器在分位；1 号站用变接低压 380V I 母运行，2 号站用变接低压 380V II 母运行。112、312、912 断路器，站用电低压侧 3812 分段断路器具有备用电源自投功能。

三、保护配置

1、2 号主变保护配置：ISA-387G 差动保护装置、ISA-388G 后备保护装置、ISA-361G 非电气量保护装置。

110kV I、II 母母线不设保护。

110kV 112 分段断路器保护配置：RCS-923 断路器失灵及辅助保护装置。

35kV I、II 母母线不设保护。

35kV 312 分段断路器保护配置：CSC-211 母联保护测控装置。

35kV 梅 351 线、梅 352 线、梅 353 线保护配置：CSC-211 数字式线路保护测控装置。

35kV 梅 354 线、梅 355 线、梅 356 线保护配置：RCS-9611C 线路保护装置。

10kV I、II 母母线不设保护。

10kV 912 分段断路器保护配置：CSC-211 数字式线路保护测控装置。

10kV 梅 951 线、梅 952 线、梅 953 线、梅 954 线、梅 955 线、梅 956 线、梅 957 线、梅 958 线、梅 959 线、梅 960 线、梅 961 线、梅 962 线保护配置：CSC-211 数字式线路保护测控装置。

10kV 1、2、3、4 号电容器保护配置：CSC-221A 数字式电容器保护测控装置。

10kV 1、2 号站用变保护配置：CSC-211 数字式线路保护测控装置。

10、35、110kV 备用电源配置：CSC-246 数字式备用电源自投投入装置。

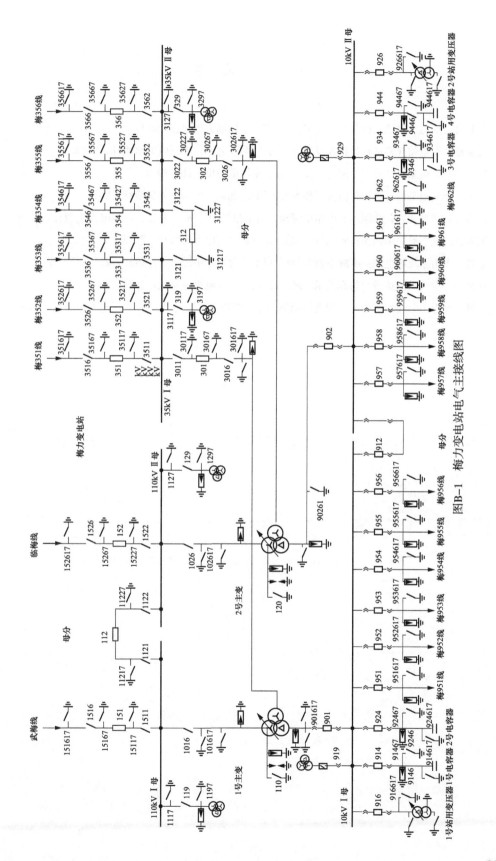

图B-1 梅力变电站电气主接线图

237

参 考 文 献

[1]　焦日升. 变电站事故分析与处理［M］. 北京：中国电力出版社，2011.

[2]　艾新法. 变电站异常运行处理及反事故演习［M］. 北京：中国电力出版社，2009.

[3]　杨一中. 变电站设备巡视指南［M］. 北京：中国电力出版社，2013.

[4]　王晴. 变电设备运行维护与值班工作手册［M］. 北京：中国电力出版社，2014.

[5]　鲍晓峰，董博武，黄北刚. 变电站倒闸操作与事故处理［M］. 北京：中国电力出版社，2016.

[6]　隋新世. 变电站倒闸操作技术问答［M］. 北京：中国电力出版社，2018.

[7]　李玮. 电力系统继电保护事故案例与分析［M］. 北京：中国电力出版社，2017.

[8]　沈梦甜. 变电设备运维与仿真技术［M］. 北京：中国电力出版社，2019.

[9]　国网宁夏电力公司培训中心. 变电站调运一体运维技术［M］. 北京：中国电力出版社，2016.